王汉荣　江于良　主编

大棚西瓜病虫害图鉴

中国农业科学技术出版社

图书在版编目（CIP）数据

大棚西瓜病虫害图鉴 / 王汉荣，江于良主编. --北京：
中国农业科学技术出版社，2022.10（2024.3 重印）
ISBN 978-7-5116-5946-0

Ⅰ.①大… Ⅱ.①王…②江… Ⅲ.①西瓜-温室栽培-
病虫害防治-图解 Ⅳ.①S436.5-64

中国版本图书馆CIP数据核字（2022）第 188817 号

责任编辑	王惟萍
责任校对	李向荣　贾若妍
责任印制	姜义伟　王思文

出 版 者	中国农业科学技术出版社
	北京市中关村南大街 12 号　　邮编：100081
电　　话	（010）82106643（编辑室）　　（010）82109702（发行部）
	（010）82109709（读者服务部）
网　　址	https://castp.caas.cn
经 销 者	各地新华书店
印 刷 者	北京中科印刷有限公司
开　　本	210 mm×285 mm　1/16
印　　张	7.5
字　　数	220 千字
版　　次	2022 年 10 月第 1 版　2024 年 3 月第 2 次印刷
定　　价	98.00 元

《大棚西瓜病虫害图鉴》
编 委 会

前 言
PREFACE

西瓜营养丰富、风味诱人、清爽消暑，有夏季水果之王的美誉，是一种重要的世界性园艺作物，栽培历史悠久。我国西瓜面积、产量、消费量均居世界第一位。随着西瓜种植面积扩大，种植模式和栽培技术创新，西瓜病虫害的发生逐年加重，防治难度加大，近年来，在西瓜新栽培技术和模式广泛推广应用下，生产上病虫害发生的特点也发生了变化，如3—4月长江中下游地区大棚西瓜中低温高湿型病害、冷害问题，6—7月华南地区抗性害虫和病毒病问题等，迫使西瓜生产者需要快速更新和提高西瓜病虫害识别及防治技术。因此，编写一部全面反映近三年西瓜生产上病虫害的新问题、防治新技术和新经验的书籍是十分必要的。

编者总结了20多年来的科研工作实践以及杭州良益农业开发有限公司积累的近20年从浙江到全国的西瓜生产一线技术难题和病虫害解决方案，为瓜农提供技术支持，推动西瓜病虫害防治技术进步。

本书文字简练、图文并茂，系统地描述了17种西瓜病害、8种虫害和12种生理性病害的症状、发生特点和防治方法等。以阐述基本知识及实用技术为基础，既注重内容的丰富性和体系的完整性，又注重直观性、易操作性和实用性，同时兼顾一线生产者的阅读和理解。附录中西瓜周年营养管理方案、西瓜病虫害防治方案、农药浓度及其配制、西瓜上国家禁止使用的农药对西瓜生产者也是十分有用的知识。本书适合从事西瓜产业教学技术推广、种植和农资销售等人员使用，也可作为培训教材和自学读本等。

由于编写时间仓促，编者水平有限，书中难免存在不足之处，敬请广大读者批评指正。

编 者

2022年5月于杭州

目 录
CONTENTS

第一章
西瓜的起源及在我国的由来

西瓜［*Citrullus lanatus*（Thunb.）Matsum.］，又名寒瓜、水瓜等。属葫芦科（Cucurbitaceae）西瓜属（*Citrullus*）一年生蔓生藤本植物。其形状似藤蔓，叶片呈羽状分裂。果实为葫芦科瓜类所特有的瓠果，是由三心皮具有侧膜胎座的下位子房发育而成的假果，有多个种子。果实呈球形或椭球形，外皮光滑，皮色有浓绿、绿、白或绿色夹蛇纹等。西瓜主要的食用部分为发达的胎座，即瓜瓤，呈浓红、淡红、黄或白色等，含丰富的矿物盐和维生素，脆甜多汁，有夏季水果之王的美誉。西瓜风味诱人、清爽消暑，在炎炎夏日或闷热的热带地域，西瓜是人们当之无愧的宠儿。

西瓜是一种世界性的园艺作物，栽培历史悠久，地域广泛。关于西瓜的起源说法不一，概括起来主要有以下两种说法。

一种说法认为非洲是西瓜原产地，这是较普遍的观点。西瓜的文字记载最早见于《圣经·民数记》（公元前1250年）。大多数学者认为西瓜起源中心在非洲中部和南部。1857年，记载英国探险家里温斯顿在非洲南部博茨瓦纳的卡拉哈里沙漠及其周边的萨巴纳热带草原边缘地带发现了多种西瓜野生群落，其中发现有带甜味可食用的野生西瓜，也有无甜味仅可用作饲料的野生西瓜。从此以后，西瓜的非洲起源学说成为学术界共识，并在西方世界得到普遍认可。

1926年，俄国学者瓦维洛夫将植物遗传变异最丰富的埃塞俄比亚定为西瓜的起源中心。1976年，西蒙兹在《栽培植物的进化》中提出非洲南部的卡拉哈利沙漠及非洲东部的科尔多凡省为西瓜的起源中心。另外也有学者认为地中海沿岸的希腊一带、北非埃及为西瓜的起源中心。考古学家根据埃及古墓中西瓜叶片推测古埃及五六千年前已有西瓜种植；在距今5 000年的利比亚遗址中发现了西瓜种子和在距今4 000多年前的埃及墓葬中出土的西瓜种子和雕刻的西瓜壁画图案均确证了这一事实。1983年发表的全球报告《葫芦科的遗传资源》中指出，在半沙漠地区发现了西瓜属的野生种，而且根据西瓜耐热耐旱的特点，南非的气候环境和风土条件也是非常适合西瓜起源的自然摇篮。无论是非洲中部和南部，还是非洲东部和北部，均是非洲。因而多数学者认为西瓜的起源中心在非洲，除非洲以外的其他地区只是西瓜的第二故乡或者是早期非洲西瓜向外传播的"中转站"。

另一种说法认为除了非洲，中国也是西瓜原产地之一。我国关于西瓜最早记载的文献材料是欧阳修《新五代史·四夷附录》引自五代晋人胡峤所撰的《陷虏记》，其中详细记录了天福十二年（公元947）至后周广顺三年（公元953）在契丹的经历见闻，其中说到"自上京东去四十里至真珠寨，始食菜。明日，东行，地势渐高，西望平地松林郁然数十里。遂入平川，多草木，始食西瓜，云契丹破回纥得此种，以牛粪覆棚而种，大如中国冬瓜而味甘"。契丹（即辽国）上京在今内蒙古赤峰市巴林左旗林东镇南，我国西瓜最初是由回纥（又称回鹘）传到这里。这是史家公认西瓜传入我国最确切的记载。又据程杰2017年考证："破回纥"是指天赞三年（公元924）辽太祖进入蒙古鄂尔浑河上游漠北回纥故都。由此程杰确定：西瓜传入我国时间始于五代，为天赞三年（公元924）辽太祖"破回纥得此种"。同时程杰还考证：西瓜由摩尼传教士，于公元763—840从中亚（今乌兹别克斯坦花拉子模、撒马尔罕、布哈拉等）西瓜盛产地带到"漠北回纥"。契丹人由漠北回纥故都获得西瓜，在辽上京一带传种，后为南宋与金人引种南下江南、河南、淮南等地。

在西汉《氾胜之书》、北魏《齐民要术》中均有"寒瓜"的文字描述。早在8世纪前我国西北、东北及内蒙古等地种植西瓜。李时珍在文中同时认为陶弘景记载的"寒瓜"就是胡峤所指的"西瓜"，只是称谓不同。因而，他的结论是："盖五代之先瓜种已入浙东，但无西瓜之名，未遍中国尔"。即我国长江流域种植"西瓜"的历史又可以追溯到5世纪的南北朝之前，当时称"寒瓜"，且有可能是从海上丝绸之路传入的。我国自西汉时起就开设了与非洲大陆之间的海上通道，现称海上丝绸之路。汉武帝曾派"译长"，募商民，携丝绸，乘海船去西方国家"市明珠、璧流离、奇石、异物"。这条海道自非洲大陆起，途经斯里兰卡及南洋诸岛，最终从福建沿海登陆。斯里兰卡和南洋群岛成为中国和非洲交通的中转站。也许非洲的西瓜正是沿着斯里兰卡或南洋群岛这条线路漂洋过海来到了中国。

当然，由于原始西瓜的瓜瓤较少，味道也没有今天的甜，与今天的西瓜大不相同，所以也存在一个可能，无论是从"海上丝绸之路"还是从"陆上丝绸之路"传入我国的"西瓜"，因其品质更好，被消费者广泛接受，"西瓜"也渐渐替代了我国原有的古老的地方品种"稀瓜"或"寒瓜"，我们的"稀瓜"或"寒瓜"传着传着就变成了"西瓜"。

第二章

西瓜产业概况与发展趋势

一、西瓜产业概况

　　我国西瓜栽培历史悠久，在全球西瓜产业发展中也占有重要地位，西瓜产品在水果市场中占有极其重要的作用，同时西瓜也是我国"菜篮子"的重要组成部分。西瓜生产周期短、种植效益高，产业经过多年来的发展，其种植区域呈现出从南到北、从东到西、从高山到平原的广泛性，且优势区域突出、规模集中。品种种类丰富，有适合露地栽培的品种，也有适合设施栽培的品种，有适合北方栽培的品种，也有适合南方栽培的品种，有红瓤的品种，也有黄瓤的品种；栽培模式多种多样，且创新不断。市场体系优化明显，产业格局欣欣向荣。

（一）世界西瓜产业概况

1. 产业地位

　　西瓜是世界性重要的园艺作物，在世界水果生产和消费中具有重要的地位。据联合国粮食及农业组织（FAO）对全球193个核心国家的统计数据，按照产量计算，自1965年以来，全球各西瓜生产国的西瓜产量稳步增长，尤其是1990年以来，全球西瓜的产量快速增长，截至2020年，全球西瓜收获面积和产量分别为305.33万公顷和10 162.05万吨，分别占2020年全球水果种植面积和产量的4.71%和11.46%。2020年全球前十大水果分别为香蕉（含芭蕉）、柑橘、西瓜、苹果、葡萄、菠萝、桃子、梨、柠檬和李子。2020年香蕉类的产量为16 295.0万吨，占全球水果产量榜首，其次是柑橘，其产量为14 914.8万吨；第三是西瓜。

2. 单产水平

　　随着栽培技术的提高和种植模式的创新升级，西瓜种植水平显著提高，西瓜高产的特性不断被挖掘，西瓜单产水平也在不断提高。根据FAO统计，2018年、2019年、2020年西瓜平均产量分别达到了32.30吨/公顷、32.62吨/公顷、33.28吨/公顷。

3. 区域分布

　　根据FAO统计，在全球七大洲中，亚洲是西瓜最大的生产和消费区域。2020年亚洲西瓜收获面积和产量分别为220.89万公顷和8 038.15万吨，占全球收获面积和产量的72.34%和79.10%。美洲（北美洲和南美洲）、非洲和欧洲的收获面积分别为27.24万公顷、32.60万公顷和24.10万公顷，其产量分别为721.00万吨、821.02万吨和564.07万吨，美洲（北美洲和南美洲）、非洲和欧洲的收获总面积和总产量分别为83.94万公顷和2 106.09万吨。大洋洲收获面积和产量分别为0.5万公顷和17.81万吨。2020年亚洲、欧洲、美洲（北美洲和南美洲）和非洲西瓜单产分别为36.39万吨、23.40万吨，26.47万吨和25.19万吨，亚洲西瓜单产较全球其他洲的单产高。2020年全球西瓜收获面积排名前十的国家，分别为中国、伊朗、俄罗斯、苏丹、巴西、印度、土耳其、阿尔及利亚、哈萨克斯坦以及越南，排名前十国家的西瓜收获面积总和占全球总收获面积的72.40%。

（二）我国西瓜产业概况

1. 面积和产量

我国是世界重要的西瓜生产国和消费国。改革开放以来，我国西瓜产业发展迅速，面积、产量均位居全球第一。根据FAO统计，2020年我国西瓜的收获面积和产量分别为140.59万公顷和6 024.69万吨，占全球收获面积和产量的46.05%和59.29%（表2-1）。西瓜单产42.85吨/公顷，高于世界平均单产水平。

表2-1　2014—2020年我国西瓜收获面积、产量和单产情况

年份	收获面积（万公顷）	产量（万吨）	单产（吨/公顷）
2014	155.69	6 149.11	39.50
2015	54.82	6 267.14	40.48
2016	151.51	6 220.65	41.06
2017	151.97	6 314.72	41.55
2018	149.91	6 280.38	41.90
2019	148.34	6 103.72	41.15
2020	140.59	6 024.69	42.85

我国西瓜收获面积和产量基本趋于稳定。2018年西瓜产量排名前十的省份为河南、山东、江苏、湖南、广西、湖北、安徽、河北、新疆、浙江，占全国总产量的73.30%，其中华东地区（山东、安徽、浙江、江苏、江西、福建）西瓜产量占全国西瓜总产量的32.31%，中南地区（河南、湖南、广西、湖北、广东、海南）西瓜产量占全国西瓜总产量的39.06%。而广东、山东、山西则是"吃瓜大省"前三名，广东实力最为强大，人均每月消费西瓜10.37千克。

2. 优势区域

2015年1月农业部发布《全国西瓜甜瓜产业发展规划（2015—2020年）》中规划了五大西瓜甜瓜优势区域，进一步推动了我国西瓜甜瓜产业走向区域化和规模化的生产格局，目前五大西瓜甜瓜优势区域逐步形成，分别为华南（冬春）西瓜甜瓜优势区、黄淮海（春夏）西瓜甜瓜设施栽培优势区、长江流域（夏季）西瓜甜瓜优势区、西北（夏秋）西瓜甜瓜优势区、东北（夏秋）西瓜甜瓜优势区。从全国区域布局来看，西瓜生产布局主要以黄淮海、长江流域和华南三大优势区域为主，三大优势区域合计生产了70%左右的西瓜。

3. 栽培模式

不同优势区域的西瓜栽培方式有差异。黄淮海优势区以西瓜春夏茬设施栽培为主，以大棚和中小棚为主的设施栽培约占总面积40%左右。长江流域优势区以夏秋茬栽培为主，以大棚和中小棚为主的设施栽培约占总面积的30%。华南优势区以冬春季西瓜设施栽培为主，季节优势明显，面积仅为全国的10%左右，但效益居全国前列。随着《全国西瓜甜瓜产业发展规划（2015—2020年）》稳步落实，西北露地厚皮甜瓜高效优质简约化栽培模式、西北压砂瓜高效优质简约化栽培模式、北方设施西瓜甜瓜旱

熟高效优质简约化栽培模式、北方露地中晚熟西瓜高效优质简约化栽培模式、南方中小棚西瓜甜瓜高效优质简约化栽培模式、南方露地中晚熟西瓜高效优质简约化栽培模式、华南反季节西瓜甜瓜高效优质简约化栽培模式、城郊型观光采摘西瓜甜瓜栽培模式等"八大模式"得到了广泛的示范应用。

不同区域有不同的市场消费需求，消费需求决定了栽培品种和栽培模式。反之，不同的栽培技术模式和栽培品种也会引导消费需求和走向，并不断地满足市场多样化需求，实现周年供应。推动中高糖量、瓤色好、质地硬脆和耐裂等特点明显、高品质的西瓜新品种不断供应市场，尤其是适合设施栽培的高效、高品质的中小型有籽西瓜品种层出不穷，面积不断上升。

4. 市场价格

根据农业农村部信息中心批发市场价格监测数据库对西瓜甜瓜市场批发价的监测显示，随着季节的变化，西瓜甜瓜价格波动变化（图2-1），每年2—4月西瓜价格达到高峰，8—9月达到低点，价格波动趋势与大宗类蔬菜价格波动较为一致，主要原因是由于我国瓜菜生产因气温影响存在冬春生产淡季，供求关系导致1—4月上市的西瓜价格较高。与大宗蔬果相比，近几年来，西瓜价格一直较为平稳。

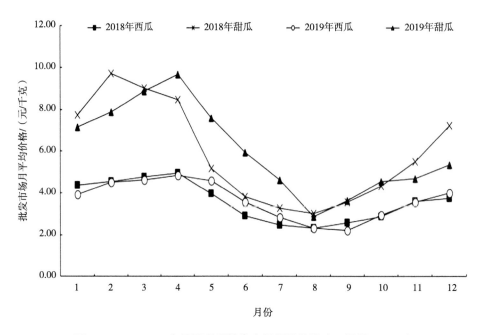

图2-1　2018—2019年西瓜甜瓜批发市场月均价格（王娟娟，2020）

5. 进出口贸易

据中国海关统计显示，近几年西瓜进出口保持平稳发展。2019年全国西瓜出口4.70万吨，出口金额4 044万美元；进口数量27.28万吨，金额4 326万美元。其中广东、云南是西瓜主要出口省，分别占比全国总出口量的28.5%、27.2%，北京、山东、云南是西瓜主要进口省份，分别占比全国总进口量的42.7%、24.6%、16.3%。从国家和地区来看，西瓜出口大多集中面向中国香港、中国澳门、越南和朝鲜，西瓜进口主要集中于越南、缅甸两国。

二、西瓜产业中存在的问题与发展对策

（一）存在问题

近20多年来，我国西瓜产业得益于良好的内外环境和市场政策，在政策扶持、科技支撑、技术进步和市场流通等方面实现了良性发展。但是受中美贸易摩擦，经济增速放缓和新冠肺炎疫情等因素影响，西瓜产业也面临着诸多严峻考验。

1. 产业发展风险加大

随着东盟自贸区建立和"一带一路"倡议的推进，按照"走出去、引进来"的发展思路，部分企业选择去国外种植西瓜，返销国内；缅甸、越南等西瓜优势生产国的产品进入中国市场的数量在未来还有可能进一步攀升，加大了国内西瓜生产者的种植压力和风险。伴随城镇化步伐的加快，"城进农退""与粮争地"的矛盾将更加突出，"耕地红线不动摇"，耕地资源约束更趋渐紧，如何稳步实现西瓜产业与粮食作物平衡发展，如何更好地满足人民日益增长的美好生活需要是未来一段时间内的重中之重，对西瓜产业提出了新挑战，产业急需依靠科技转型升级。

2. 产业比较效益下滑

盲目发展，面积增大，效益下降。西瓜产业属于劳动密集型产业，伴随着从业人员老龄化等问题的不断凸显，用工成本不断增加，作为劳动力需求密集的西瓜产业，人工成本已超过了生产总成本的50%。同时，受石油、天然气等原料成本的影响，农膜、农药、化肥等农业生产资料成本不断上升，推高了西瓜生产成本，压减了利润空间。

3. 绿色发展难度加大

西瓜优势产区常年种植导致连作障碍严重，绿色高质高效发展难度加大。个别生产者滥用或乱用农业投入品，其不良行为给产业发展带来负面影响。冬春低温寡照、夏季台风干热等极端灾害性天气频发，如2019年的春季连续阴雨、台风利奇马和黄淮海地区干旱等天气都对当年西瓜生产造成严重影响。

4. 产业化发展任重道远

西瓜生产多以一家一户个体小农经济为基本单位和生产方式，生产者对市场信息把握调控能力偏弱，生产计划和市场供应等存在盲目性，制约了产业化发展进程。西瓜在播种、育苗、栽培管理等方面对技术要求较高，农机农艺不配套，使得产业机械化水平偏低，综合机械化水平为30%~40%，远低于三大粮食作物的机械化水平。品牌建设滞后，品牌影响力弱，没有品牌溢价效应。

（二）发展对策与方向

1. 以市场为导向，强化优势区域，构建区域协同发展

以市场为导向，实施新一轮规划编制，实现新规划与《特色农产品优势区建设规划纲要》相连接，与乡村振兴战略相连接，与各地产业扶贫重点相连接。各地政府和农业部门也要根据自身资源禀赋和产业规模进行通盘考虑，进行科学规划和合理布局，鼓励适度规模经营，强化优势区域，建立区域间西瓜产业协同高效发展机制，打造产业品牌集群，提升区域特色和竞争力。

2. 加强科技创新推动，强化产业科技支撑，提高产品品质

重点开展西瓜种质资源收集、保护、鉴定和管理，改进育种方法，加强特色育种材料的选育和创制，开展分子育种、细胞育种等基础性、前沿性技术的研究，加快现代育种方式与传统育种手段融合，选育出一批优质、多抗、高品质、多特色的优良品种，建立种子安全生产技术体系。强化绿色轻简高效生产技术研究与集成示范，掌握我国西瓜优势区域病虫害发生规律，制定综合防控方案，建立绿色防控体系，特别对西瓜绿斑驳花叶病病毒、褪绿花叶病病毒等重要病害进行跟踪研究。加强嫁接育苗、蜜蜂授粉、机械化耕作等减轻劳动力、提升商品品质的轻简化栽培技术研究和推广。

3. 夯实产业发展基础，创建品牌，培育市场，引导消费

加强产业发展基础设施建设，充分利用市场资源和政策支持，引导政策资本投入西瓜生产基础设施建设，适度扩大规模经营，改善西瓜生产条件，重点支持集约化育苗场、水电路基础设施、环境调控、病虫害防控、采后加工处理等基础设施建设，提升产业化水平。加强生产信息监测网建设，建立多点、多区域覆盖的西瓜生产、流通、销售一体化信息网络。推进新型经营主体培育，加强品牌创建，培育市场，统筹推进产地、销地批发市场建设，加强西瓜物流网络和冷链物流体系建设，提高抵御风险的能力和市场竞争力。推进"农超对接""农企对接"，加大"二品一标"认证和企业品牌创建工作，引导消费，切实提高品牌附加值。

第三章
西瓜生产的基本要求

一、西瓜生长的基本环境条件

西瓜生长的总体环境条件要求是温度适宜、日照充足、昼夜温差大、土壤适应性广。

（一）温度

西瓜属喜温耐热作物，对温度条件要求较高，低温、寒冷不利于其生长发育，容易出现低温反应。

西瓜全生育期要求的最低温度为10℃，最高温度为40℃，最适温度为25～30℃。当温度在5℃以下，植株受冻死亡；当温度为10℃时，生长停止；当温度达到15℃时，随着温度的升高，生长速度加快，同化效率提高；当温度达到40℃时，西瓜仍能进行光合作用；但达到45℃时，将造成细胞原生质凝固。

在西瓜不同生长发育期，对温度的要求有所差异。种子发芽的最低温度为15℃，最高温度为35℃，最适温度为28～30℃；幼苗期的最适温度为22～25℃，伸蔓期的最适温度为25～28℃；结果期的最适温度为30～35℃，如果在开花坐果期温度不适宜，则花粉发芽率下降，不利于受精坐果，是后期畸形果、空洞果形成的主要原因之一；如低于18℃时，形成的果实易呈扁圆或畸形等。当结果期温度不适（温度太低），则降低果实生长的速度，成熟期推迟，果皮增厚，果实品质差。温度的高低对果皮颜色也产生影响，一般向阳面温度较高，果皮着色比阴面好。根系生长的最适温度为28～32℃，最低温度为10℃，开花坐果期的最适温度为25～35℃，最低温度为18℃。不同品种从播种到成熟所需要的积温不同，西瓜全生育期所需大于15℃的活动积温为2 500～3 000℃，早熟品种所需要的积温少，中、晚熟品种所需的积温多。

在一定温度范围内，西瓜生长和发育要求有较大的昼夜温差，因此，大陆性气候适宜种植西瓜。白天温度高，光合作用强，有利于碳水化合物的积累；夜间温度低，降低呼吸消耗并有利于碳水化合物由叶运到茎蔓、果实和根部，进而提高西瓜产量和果实含糖量。

（二）光照

西瓜也属喜光作物。光照对西瓜的生长发育、产量形成极为重要，在充足的光照条件下有利于植株生长发育，提高果品质量和产量。

西瓜一般每天的日照时数要求为10～12小时，在光照充足的条件下，植株茎蔓粗壮，叶片浓绿肥大，节间和叶柄较短，株型紧凑，花芽分化早，坐果率高；光照不足时（长时间阴雨天气），光合作用减弱。植株生长变得细弱，节间和叶柄伸长，叶薄色淡，木质化程度低，诱发病害，造成落花落果，从而导致产量下降，品质差。

西瓜生长对光强度的要求较高。西瓜的光饱和点是8万勒，光补偿点是4 000勒。当光照强度在4 000勒时，光合作用所制造的产物与呼吸作用所消耗的物质相当，随着光照增强，光合作用的产物不断增加，当达到8万勒时，光合效率最高。当光照强度超过8万勒时，光合效率不再增加，此时也可叫作饱和照度。

因此，西瓜种植要采取合理的种植方式，选择向阳地块，不与高秆作物间作套种，选择适宜的种植密度，防止叶片相互遮阴、重叠，以提高光合效率。

（三）水分

西瓜是耗水量较大的作物。据测定，西瓜植株通过光合作用每形成1克干物质，水分蒸发的平均耗量为700克。西瓜具有耐旱性，因为它有发达的根系，羽状深裂、密生茸毛、覆盖蜡粉的叶片。但西瓜又是需水量较多的作物，因为西瓜植株生长快，生育期短，茎叶茂盛，果实硕大且含水量多。所以，西瓜既耐旱又需水，生产上既要科学灌水，又要防水防涝。

西瓜不同生育期对水分要求有差别。发芽期要保持土壤湿润，种子需吸水膨胀利于萌发出土；幼苗期控制水分有利于形成强大根系，增强植株抗旱能力，避免幼苗徒长；伸蔓前期应施肥、浇水，满足生长需要；伸蔓后期应适当控制浇水，防止营养生长过旺而导致生殖生长失调；结果期前期适当控制水分，防止"疯秧"并促进坐果；进入果实生长盛期，一定要保证水分供应，使果实充分膨大，如果此时缺水，则会影响果实正常发育，缺水严重时可引起落果，降低西瓜产量；变瓤期西瓜生长量逐渐减少，适当控制浇水，有利于提高果实品质。

（四）空气

空气对西瓜生长的影响，主要指二氧化碳、氧气等气体对西瓜生长发育的影响。绿色植物进行光合作用，需要吸收二氧化碳，释放氧气。二氧化碳是光合作用的重要原料。要保持西瓜较高的光合作用，应保持二氧化碳浓度在万分之三左右。增施有机肥和碳素化肥，有利于提高植株周围二氧化碳的浓度；中耕松土、防涝排水等有利于光合作用时二氧化碳的供应。氧气是进行呼吸作用时必不可少的，且西瓜根系有好气性，所以应注意增加土壤中氧气的含量，采取中耕等措施疏松土壤，并防积水，保持土壤的透气性，满足根系对氧气的需求。

另外，空气湿度对西瓜生长也有影响。开花坐果期对空气湿度要求较高，空气湿度相对较低，花粉不能正常萌发，影响受精从而降低坐果率；若空气相对湿度过大，叶片水分蒸腾减少，光合强度下降，坐果率低，果实品质下降，易诱发病虫害，降低产量。

（五）土壤

西瓜对土壤的适应性广，要求不太严格，在沙土及黏土上均可种植，但最适宜的是疏松肥沃、通透性良好的沙壤土。沙壤土孔隙度大，水分下渗快，当干旱时地下水通过毛细管上升快；春季地温回升早，有利于幼苗生长；夜间散热快，昼夜温差大，有利于光合产物的积累和植株的生长发育。但沙地较瘠薄，肥料分解和养分流失较快，植株因肥水不足易引起早衰和病害发生。因此，沙壤土种植西瓜应增施有机肥，可适当少量多次追肥，防止脱肥。在黏土地上种植西瓜，通气不良春季地温回升慢，幼苗生长慢，果实成熟晚。由于其保水保肥能力强，西瓜植株生长旺盛，不早衰，产量高，但果实品质不如沙壤土种植西瓜的品质。黏土地管理的主要措施是加强中耕、辅沙、排水，增加通透性。此外，西瓜忌重茬，重茬地块易感病，长势弱产量低。

西瓜喜在中性或弱酸性土壤上生长。适应范围广，在pH值5～8范围内均能正常生长。西瓜耐盐性也较强，土壤含盐量小于0.2%时，植株发育良好，但对不同的盐类反应不同，对氯化盐最敏感，碳酸盐次之，硫酸盐最小。西瓜种植时最好不选择含盐量高的地块。

（六）矿质营养元素

西瓜生长发育需要多种营养元素，碳、氢、氧元素从空气及水中获取，其他矿质元素主要通过根系吸收。氮、磷、钾、钙、镁、铁、硫等需要量较多；硼、锰、锌、铜、钼等需要量较小，但是，也是必不可少的。

西瓜对氮、磷、钾的吸收以钾最多，氮次之，磷较少，吸收氮、磷、钾的比例为3.28：1：4.33。①发芽期和幼苗期对氮、磷、钾的吸收量较少，发芽期占全生育期吸收总量的0.01%；幼苗期吸收量为0.54%；伸蔓期的吸收量为14.6%；结果期的吸收量为84.85%（其中果实生长盛期的吸收量最大，占77.5%）。②西瓜各生育时期对氮、磷、钾的吸收比例也不同，对氮的吸收量在伸蔓期为总吸收量的14.61%；开花期为4.75%；而果实膨大期为80.39%。③对磷的吸收在伸蔓期占总吸收量的54.3%；果实膨大期为27.81%。④对钾的吸收随着植株的生长而逐渐增加，在果实膨大期的吸收量为总吸收量的80%。生产中应注意增施磷、钾肥，并根据需肥特点分期追肥。

另外，还有许多矿物质是西瓜生长发育所必需的。如钙可参与体内碳水化合物和含氮物质的代谢，中和植物体内因代谢作用而产生的酸，减少某些生理病害。镁是叶绿素的组成成分，参与磷酸和糖的转化，对蛋白质的代谢起重要作用，促进营养物质从老叶向幼嫩组织输送。

二、西瓜产地环境质量要求

选择光照充足，地势高燥，土层深厚，疏松肥沃，排灌方便，地下水位较低，3~5年未种植过葫芦科作物，pH值为5~7的沙土、沙质壤土或壤土地块，并远离工矿、医院等有污染源的地方。产地空气质量、灌溉水质量、土壤环境质量等产地环境条件应符合NY/T 5010—2016《无公害农产品　种植业产地环境条件》的要求。

（一）环境空气

环境空气质量应符合GB 3095—2012《环境空气质量标准》的要求。环境空气功能区分为两类：一类区为自然保护区、风景名胜区和其他需要特殊保护的区域；二类区为居住区、商业交通居民混合区、文化区、工业区和农村地区。一类区适用一级浓度限值，二类区适用二级浓度限值，一、二类环境空气功能区质量要求见表3-1和表3-2。

（二）农田灌溉水

农田灌溉水质量应符合GB 5084—2021《农田灌溉水质标准》的要求，具体基本要求见表3-3。同时可根据当地种植业产地环境的特点和灌溉水的来源特性，由地方生态环境主管部门会同农业、水利等主管部门根据农田灌溉用水类型和作物种类要求，依据表3-4增加相应的选择性指标。

表3-1　环境空气污染物基本项目浓度限值

序号	污染物项目	平均时间	浓度限值		单位
			一级	二级	
1	二氧化硫（SO₂）	年平均	20	60	微克/米³
		24小时平均	50	150	
		1小时平均	150	500	
2	二氧化氮（NO₂）	年平均	40	40	
		24小时平均	80	80	
		1小时平均	200	200	
3	一氧化碳（CO）	24小时平均	4	4	毫克/米³
		1小时平均	10	10	
4	臭氧（O₃）	日最大8小时平均	100	160	
		1小时平均	160	200	
5	颗粒物（粒径小于等于10微米）	年平均	40	70	微克/米³
		24小时平均	50	150	
6	颗粒物（粒径小于等于2.5微米）	年平均	15	35	
		24小时平均	35	75	

表3-2　环境空气污染物其他项目浓度限值

序号	污染物项目	平均时间	浓度限值		单位
			一级	二级	
1	总悬浮颗粒物（TSP）	年平均	80	200	
		24小时平均	120	300	
2	氮氧化物（NOₓ）	年平均	50	50	
		24小时平均	100	100	
		1小时平均	250	250	微克/米³
3	铅（Pb）	年平均	0.5	0.5	
		季平均	1	1	
4	苯并[a]芘（BaP）	年平均	0.001	0.001	
		24小时平均	0.002 5	0.002 5	

表3-3　农田灌溉水质基本控制项目限值

序号	项目类别		作物种类		
			水田作物	旱地作物	蔬菜
1	pH值			5.5~8.5	
2	水温/℃	≤		35	
3	悬浮物/（毫克/升）	≤	80	100	60[a]，15[b]
4	五日生化需氧量（BOD_5）/（毫克/升）	≤	60	100	40[a]，15[b]
5	化学需氧量（COD_{Cr}）/（毫克/升）	≤	150	200	100[a]，60[b]
6	阴离子表面活性剂/（毫克/升）	≤	5	8	5
7	氯化物（以Cl^-计）/（毫克/升）	≤		350	
8	硫化物（以SO^{2-}计）/（毫克/升）	≤		1	
9	全盐量/（毫克/升）	≤	1 000（非盐碱土地区），2 000（盐碱土地区）		
10	总铅/（毫克/升）	≤		0.2	
11	总镉/（毫克/升）	≤		0.01	
12	铬（六价）/（毫克/升）	≤		0.1	
13	总汞/（毫克/升）	≤		0.001	
14	总砷/（毫克/升）	≤	0.05	0.01	0.05
15	粪大肠菌群数/（MPN/升）	≤	40 000	40 000	20 000[a]，10 000[b]
16	蛔虫卵数/（个/10升）	≤		20	20[a]，10[b]

a　加工、烹调及去皮蔬菜。

b　生食类蔬菜、瓜类和草本水果。

表3-4　农田灌溉水质选择控制项目限值

序号	项目类别		作物类别		
			水田作物	旱地作物	蔬菜
1	氰化物（以CN^-计）/（毫克/升）	≤		0.5	
2	氟化物（以F^-计）/（毫克/升）	≤		2（一般地区），3（高氟区）	
3	石油类/（毫克/升）	≤	5	10	1
4	挥发酚/（毫克/升）	≤		1	
5	总铜/（毫克/升）	≤	0.5	1	
6	总锌/（毫克/升）	≤		2	
7	总镍/（毫克/升）	≤		0.2	

表3-4 （续表）

序号	项目类别		作物类别		
			水田作物	旱地作物	蔬菜
8	硒/（毫克/升）	≤		0.02	
9	硼/（毫克/升）	≤		1ᵃ，2ᵇ，3ᶜ	
10	苯/（毫克/升）	≤		2.5	
11	甲苯/（毫克/升）	≤		0.7	
12	二甲苯/（毫克/升）	≤		0.5	
13	异丙苯/（毫克/升）	≤		0.25	
14	苯胺/（毫克/升）	≤		0.5	
15	三氯乙醛/（毫克/升）	≤	1		0.5
16	丙烯醛/（毫克/升）	≤		0.5	
17	氯苯/（毫克/升）	≤		0.3	
18	1,2-二氯苯/（毫克/升）	≤		1.0	
19	1,4-二氯苯/（毫克/升）	≤		0.4	
20	硝基苯/（毫克/升）	≤		2.0	

[a] 对硼敏感作物，如黄瓜、豆类、马铃薯、笋瓜、韭菜、洋葱、柑橘等。

[b] 对硼耐受性较强作物，如小麦、玉米、青椒、小白菜、葱等。

[c] 对硼耐受性强的作物，如水稻、萝卜、油菜、甘蓝等。

（三）土壤环境

土壤环境质量应符合GB 15618—2018《土壤环境质量 农用地土壤污染风险管控标准（试行）》的要求，农用地土壤污染风险管制值项目主要包括镉、汞、砷、铅、铬等，风险管制值具体见表3-5。

表3-5 农用地土壤污染风险管制值　　　　　　　　　　　单位：毫克/千克

序号	污染物项目	风险管制值			
		pH值≤5.5	5.5<pH值≤6.5	6.5<pH值≤7.5	pH值>7.5
1	镉	1.5	2.0	3.0	4.0
2	汞	2.0	2.5	4.0	6.0
3	砷	200	150	120	100
4	铅	400	500	700	1 000
5	铬	800	850	1 000	1 300

三、西瓜的质量标准

行业标准NY/T 584—2002《西瓜（含无子西瓜）》中规定了西瓜的感官指标和理化指标。

（一）感官指标

西瓜根据西瓜子的有无，可分为有子西瓜和无子西瓜。其感官指标又可分为有子西瓜感官指标（表3-6）和无子西瓜感官指标（表3-7）。

表3-6　有子西瓜感官指标

项目		等级		
		优等品	一等品	二等品
基本要求		果实完整良好、发育正常、新鲜洁净、无异味、无非正常外部潮湿，具有耐储运或市场要求的成熟度	果实完整良好、发育正常、新鲜洁净、无异味、无非正常外部潮湿，具有耐储运或市场要求的成熟度	果实完整良好、发育正常、新鲜洁净、无异味、无非正常外部潮湿，具有耐储运或市场要求的成熟度
果形		端正	端正	允许有轻微偏缺，但仍具有本品种应有的特征，不得有畸形果
果面底色和条纹		具有本品种应有的底色和条纹，且底色均匀一致，条纹清晰	具有本品种应有的底色和条纹，且底色均匀一致，条纹清晰	具有本品种应有的底色和条纹，允许底色有轻微差别，底色和条纹色泽稍差
剖面		均匀一致，无硬块	均匀一致，无硬块	均匀性稍差，有小的硬块
单果重		大小均匀一致，差异<10%	大小均匀一致，差异<20%	大小差异<30%
果面缺陷	碰压伤	无	允许总数5%的果有轻微碰压伤，且单果损伤面积不超过5厘米^2	允许总数10%的果有碰压伤，单果损伤总面积不超过8厘米^2，外表皮有轻微变色，但不伤及果肉
	刺磨划伤	无	占总数5%的果有轻微伤，单果损伤总面积不超过3厘米^2	占总数10%的果有轻微伤，且单果损伤总面积不超过5厘米^2，无受伤流汁现象
	雹伤	无	无	允许有轻微雹伤，单果总面积不超过3厘米^2，且伤口已干枯
	日灼	无	允许5%的果有轻微的日灼，且单果总面积不超过5厘米^2	允许总数10%的果有日灼，单果损伤总面积不超过10厘米^2
	病虫斑	无	无	允许干枯虫伤，总面积不超过5厘米^2，不得有病斑

表3-7　无子西瓜感官指标

项目		等级		
		优等品	一等品	二等品
基本要求		果实完整良好、发育正常、新鲜洁净、无异味、无非正常外部潮湿，具有耐储运或市场要求的成熟度	果实完整良好、发育正常、新鲜洁净、无异味、无非正常外部潮湿，具有耐储运或市场要求的成熟度	果实完整良好、发育正常、新鲜洁净、无异味、无非正常外部潮湿，具有耐储运或市场要求的成熟度
果形		端正	端正	允许有轻微偏缺，但仍具有本品种应有的特征，不得有畸形果
果面底色和条纹		具有本品种应有的底色和条纹，且底色均匀一致，条纹清晰	具有本品种应有的底色和条纹，且底色均匀一致，条纹清晰	具有本品种应有的底色和条纹，允许底色有轻微差别，底色和条纹色泽稍差
剖面		均匀一致，无硬块	均匀一致，无硬块	均匀性稍差，有小的硬块
单果重		大小均匀一致，差异<10%	大小均匀一致，差异<20%	大小差异<30%
果面缺陷	碰压伤	无	允许总数5%的果有轻微碰压伤，且单果损伤面积不超过5厘米^2	允许总数10%的果有碰压伤，单果损伤总面积不超过8厘米^2，外表皮有轻微变色，但不伤及果肉
	刺磨划伤	无	占总数5%的果有轻微伤，单果损伤总面积不超过3厘米^2	占总数10%的果有轻微伤，且单果损伤总面积不超过5厘米^2，无受伤流汁现象
	雹伤	无	无	允许有轻微雹伤，单果总面积不超过3厘米^2，且伤口已干枯
	日灼	无	允许5%的果有轻微的日灼，且单果总面积不超过5厘米^2	允许总数10%的果有日灼，单果损伤总面积不超过10厘米^2
	病虫斑	无	无	允许干枯虫伤，总面积不超过5厘米^2，不得有病斑
着色秕子		纵剖面不超过一个	纵剖面不超过2个	纵剖面不超过3个
白色秕子		个体小、数量少	个体中等但数量少，或数量中等但个体小	个体和数量均为中等，或个体较大但数量少，或个体小但数量较多

（二）理化指标

西瓜理化指标同样又可分为有子西瓜理化指标（表3-8）和无子西瓜理化指标（表3-9）。

表3-8　有子西瓜理化指标

项目	分类	等级		
		优等品	一等品	二等品
果实中心可溶性固形物/%	大果型	≥10.5	≥10.0	≥9.5
	中果型	≥11.0	≥10.5	≥10.0
	小果型	≥12.0	≥11.5	≥11.0
果皮厚度/厘米	大果型	≤1.2	≤1.3	≤1.4
	中果型	≤0.9	≤1.0	≤1.1
	小果型	≤0.5	≤0.6	≤0.7

表3-9　无子西瓜理化指标

项目	分类	等级		
		优等品	一等品	二等品
果实中心可溶性固形物/%	大果型	≥10.5	≥10.0	≥9.5
	中果型	≥11.0	≥10.5	≥10.0
	小果型	≥12.0	≥11.5	≥11.0
果皮厚度/厘米	大果型	≤1.3	≤1.4	≤1.5
	中果型	≤1.1	≤1.2	≤1.3
	小果型	≤0.6	≤0.7	≤0.8

中华全国供销合作总社根据西瓜收购和销售的要求，制定用于鲜食西瓜收购和销售的行业标准GH/T 1153—2021《西瓜》，将西瓜分为特等、一等、二等3个等级，各等级具体要求见表3-10。每个等级规定相应的容许度如下。

特等：按果数计，允许有5%的西瓜不符合本等级规定的质量要求。

一等：按果数计，允许有8%的西瓜不符合本等级规定的质量要求。

二等：按果数计，允许有10%的西瓜不符合本等级规定的质量要求。

表3-10 西瓜质量等级

项目		特等	一等	二等
外观指标	果形	端正	端正	允许有轻微偏缺，但仍具有本产品应有的特征，不得有畸形果
	果面底色和条纹	具有本品种应有的底色和条纹，且底色均匀一致，条纹清晰	具有本品种应有的底色和条纹，且底色均匀一致，条纹清晰	具有本品种应有的底色和条纹，允许底色有轻微差别，底色和条纹色泽稍差
	剖面	均匀一致，无硬块	均匀一致，无硬块	均匀性稍差，有小的硬块
	单果重	大小均匀一致，差异<10%	大小较均匀，差异<20%	大小差异<30%
	果面缺陷 碰压伤	无	允许总数5%的果有轻微碰压伤，且单果损伤面积不超过5厘米²	允许总数10%的果有碰压伤，单果损伤总面积不超过8厘米²，外表皮有轻微变色，但不伤及果肉
	磨、刺划伤	无	占总数5%的果有轻微伤，单果损伤总面积不超过3厘米²	占总数10%的果有轻微伤，且单果损伤总面积不超过5厘米²，无受伤流汁现象
	雹伤	无	无	允许有轻微雹伤，单果总面积不超过3厘米²，且伤口已干枯
	日灼	无	允许5%的果有轻微的日灼，且单果总面积不超过5厘米²	允许总数10%的果有日灼，单果损伤总面积不超过10厘米²
	病虫斑	无	无	允许干枯虫伤，总面积不超过5厘米²，不得有病斑
理化指标	果实中心可溶性固形物/% 大果型	≥11.0	≥10.5	≥10.0
	中果型	≥11.5	≥11.0	≥10.5
	小果型	≥12.5	≥12.0	≥11.0
	果皮厚度/厘米 大果型	≤1.1	≤1.2	≤1.3
	中果型	≤0.8	≤0.9	≤1.0
	小果型	≤0.5	≤0.6	≤0.7

注：大果型、中果型、小果型分类参照表3-11。

表3-11　主要西瓜品种

大果型	京欣，黑皮无籽，庆红宝，黑金刚，庆发黑马，抗病早冠龙，中牟西瓜，甜王，凤光，寿山，西农8号，安农二号，花皮无籽，金钟冠龙，新红宝等。
中果型	早佳8424，麒麟瓜，黑美人，红虎，华蜜冠龙，少籽巨宝，雪峰花皮无籽，黄宝石无籽西瓜，台农新一号，雪莲8号，中选1号，玉麟，京欣一号，郑抗无子四号，蜜宝等。
小果型	迎春，早春红玉，特小凤，小天使，春雷，京秀，红小玉，黄小玉，雪峰小玉七号，小膜麟，墨童，帅童，中江红丽，海育1号，金玉玲珑，阜宁西瓜等。
注1：凡单果重大于5.0千克的为大果型，单果重2.5～5.0千克的为中果型，单果重小于2.5千克为小果型。	
注2：其他品种参照执行。	

第四章

西瓜主要病害及其防治

一、西瓜猝倒病

猝倒病为西瓜苗期主要病害，在我国西瓜主产区均有发生，以江浙一带最为严重。

1. 症状

苗期受害，先在茎基部近地面处出现水浸状斑，后变褐色、干枯收缩成线状，幼苗倒伏。有时幼苗尚未出土，胚茎、子叶已变褐腐烂，造成烂种缺苗。猝倒病在苗床内蔓延很快，开始只见个别苗发病，几天后便成片猝倒。低温高湿时，被害幼苗病部表面及其附近土表可长出一层白色絮状菌丝体。果实也可受害，病部初为水渍状斑，后软腐，表面长有白色絮状菌丝体（图4-1）。

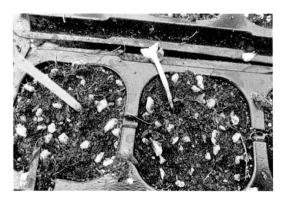

图4-1　西瓜苗期猝倒（甄银伟提供）

2. 病原菌及发生规律

引起西瓜猝倒病的病原菌为瓜果腐霉（*Pythium aphanidermatum*）（图4-2）。

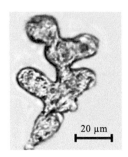
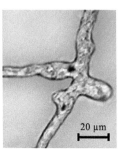
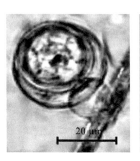
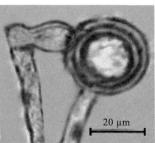

（a）孢子囊　　　　　　　　　　　（b）藏卵器与雄器

图4-2　瓜果腐霉（楼兵干提供）

病原菌随病组织在土壤中越冬，可长期存活，通过灌溉水或雨水溅射等传播。越冬病原菌在翌年春季萌发，侵染西瓜幼苗。

该病发生主要与温、湿度以及苗床管理有关，其中湿度尤为关键，一般苗床土含水量高、湿度大时发病重，天气干旱、土壤干燥时发病轻。通常苗床期低温高湿条件下发病重，主要原因是低温不利于西瓜生长、降低抗病能力，而高湿有利于侵染。

3. 防治技术

（1）农业防治。苗床选地势高、排水良好的地块，用无病的基质育苗；播种要均匀，不能太密，覆土不能过厚，以利出苗；做好苗床的保温工作，防止幼苗受冻，同时保持苗床有充足的阳光；洒水以当天洒的水当天能蒸发完为度，避免床土过湿。

（2）化学防治。出苗后可用722克/升霜霉威盐酸盐水剂（世佳）600倍液或80%烯酰吗啉水分散粒剂（世佳威铭）2 000倍液叶面喷雾防治，每次喷药后要结合大棚放风，降低棚内湿度。

二、西瓜立枯病

立枯病是西瓜苗期的重要病害之一，在我国西瓜主产区均有发生，可致瓜苗成片枯死。

1. 症状

出苗前幼苗受害，胚、子叶变褐腐烂。刚出土幼苗受害，近地面的茎基部先呈淡褐色水渍状，后迅速扩至整个茎基，使幼苗立地枯死。大苗受害，茎基部产生褐色椭圆形或纺锤形凹陷斑；早期病苗白天萎蔫，夜晚恢复正常，后期病斑绕茎一周，使植株干枯、大苗死亡（图4-3~图4-5）。

（a）初发症状淡褐色　　　　　　　　　　　　　（b）茎基部缢缩状

图4-3　西瓜苗期立枯病（江于良提供）

图4-4　定植后大苗枯萎（叶树军提供）　　　　**图4-5　大苗根系和茎基部变色（江于良提供）**

2. 病原菌及发生规律

引起西瓜立枯病的病原菌为立枯丝核菌（*Rhizoctonia solani*）（图4-6）。

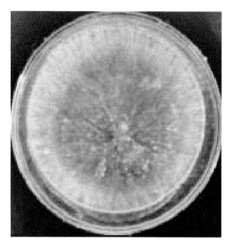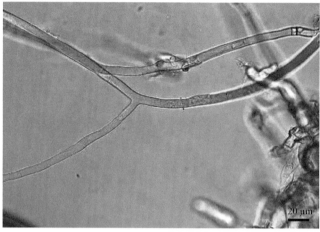

图4-6 立枯丝核菌（王汉荣、武军提供）

病原菌主要在土壤或病残体上越冬，翌年条件适宜时，病菌萌发，侵染寄主发病。病原菌通过雨水、农事操作以及植株之间的接触等途径传播、蔓延。

该病发生与苗床管理和气候条件关系密切。幼苗密度大、间苗迟、浇水多，造成苗床闷湿，有利于发病。长期阴雨空气湿度大，尤其是苗床土湿度大，加上光照不足，加重立枯病的发生和蔓延。

3. 防治技术

（1）农业防治。苗床应选择背风向阳，地势高燥的地方；控制好苗床的温度和湿度。

（2）化学防治。发病初期及时喷药，可用30%噁霉灵水剂（土菌消）2 000倍液对植株基部土壤喷施，间隔7～10天施药一次。

三、西瓜蔓枯病

西瓜蔓枯病是近年发展起来的一种病害，在长江流域（三角洲）区域的主要西瓜产区日趋严重。

1. 症状

该病在西瓜的整个生育期均可发生。幼苗子叶受害，初期呈现水渍状小点，后形成褐色疮痂状小圆斑，高湿条件下，可扩至整个子叶，导致子叶枯死。幼茎受害，初现水渍状小斑，后扩展至可环绕全茎，使幼苗枯萎死亡。茎蔓受害，多发生在基部分枝处和节的附近，最初病斑为椭圆形或短条状，褐色，凹陷，扩大后环绕全茎，进而病部流胶、干缩引起病部以上的蔓茎枯萎。叶片受害，初期病斑为褐色大斑。叶柄受害，可引起叶片萎蔫枯死。果实受害，初期病斑小，水渍状，后扩展成圆形或近圆形黑褐色大凹斑，表面常呈星状裂开，也有一些不发生星状裂开，所有感染部位表面均先长出褐色或黑褐色的斑点（图4-7～图4-9）。

（a）不规则形病斑　　　　　　　　　　　　　　（b）轮纹状病斑

图4-7　西瓜苗期子叶蔓枯病病斑（潘锡志提供）

（a）成株期轮纹状病斑　　　　　　　　　　　　（b）成株期不规则形病斑

图4-8　成株期叶片蔓枯病病斑（陶勇提供）

（a）嫁接西瓜植株茎基部水渍状病斑　　　　　　（b）实生西瓜植株茎基部水渍状病斑

图4-9　蔓枯病茎蔓受害症状（赵荣波提供）

（c）茎基部后期病斑上出现大量小黑点　　　　　（d）茎秆上蔓枯病病斑

（e）茎秆上蔓枯病向叶片蔓延　　　　　（f）茎秆病斑上后期出现大量小黑点

图4-9　（续）

2. 病原菌及发生规律

引起西瓜蔓枯病的病原菌为甜瓜球腔菌（*Mycosphaerella melonis*）（图4-10）。

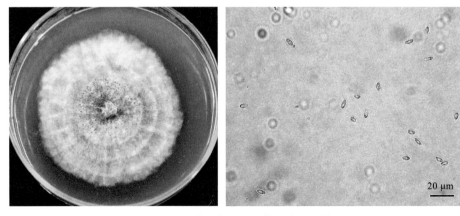

图4-10　甜瓜球腔菌（王汉荣、武军提供）

该病发生主要与气候条件和栽培措施有关。雨日多、雨量大、湿度高，病害易流行；反之，则轻。早播地、连作地发病重；偏施、重施氮肥有利于发病。土表的病残体和带菌的种子是该病的主要侵染源。病原菌通过风雨传播。

3. 防治技术

（1）农业防治。选择抗病品种；种子处理；尽量采用水旱轮作，减少田间菌源；加强水肥管理，不偏施氮肥；开沟排水、合理通风降湿。

（2）化学防治。对未发病或初发病的田块可用25%吡唑醚菌酯悬浮剂（兼优）2 000倍液、45%苯醚甲环唑悬浮剂（涌现）3 000倍液、24%双胍·吡唑酯可湿性粉剂（耀嫁）1 000倍液、24%苯甲·烯肟悬浮剂（靓友）1 000倍液、32.5%苯甲·嘧菌酯悬浮剂（满润）2 000倍液、43%氟菌·肟菌酯悬浮剂（露娜森）2 000倍液叶面喷雾。裂藤植株可在裂藤处使用30%宁南·戊唑醇悬浮剂（德普尔）500倍液进行涂抹。

四、西瓜菌核病

西瓜菌核病近年来在江浙沿海一带大棚西瓜种植中发生普遍，有逐年加重的趋势。

1. 症状

西瓜植株地上各部分均可受害。茎蔓受害，初期病斑水渍状，后扩展为淡褐色至褐色，环绕全茎，湿度大时，病部表面长有白色絮状霉层。叶片发病，出现灰色至灰褐色湿腐状大斑，病健交界不明显，湿度大时，病斑上长有絮状白霉，最终叶片腐烂。果实受害，大多发生在有残花的蒂部，初期病斑水渍状，扩大后呈湿腐状，其表面密生白色絮状物。上述病部后期可形成黑色鼠粪状物（图4-11、图4-12）。

（a）初期病斑　　（b）后期病斑　　　（a）脐部症状　　（b）果实水渍状腐烂　（c）产生白色菌丝和黑色菌核

图4-11　茎秆上菌核病病斑（赵荣波提供）　　　图4-12　果实受害症状（甄银伟提供）

2. 病原菌及发生规律

西瓜菌核病是真菌性病害，由核盘菌（*Sclerotinia*）引起（图4-13）。

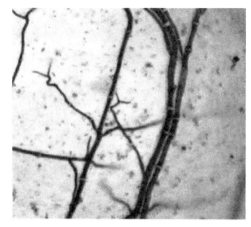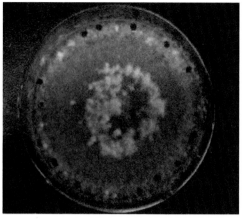

图4-13　西瓜菌核病菌形态图（引自刘志恒等，2013）

病原菌主要在土壤中越冬，翌年春季条件适宜时病原菌通过气流传播，引起西瓜植株发病。病原菌不侵染健壮的西瓜蔓、叶，只侵染受冻的茎蔓、叶片和近于萎蔫的花。果实受害大多是花受侵害后向蒂部蔓延引起的。病害的再侵染是通过病健组织接触进行的。

西瓜菌核病的发生与气候条件和栽培管理有关。病菌的萌发和侵入需要高湿条件，春季低温冻害、阴雨连绵的往往发生比较重；相反，温度偏高，雨日少、雨量小，则发病轻或不发病，此外，地势低洼、排水不良、田间积水的发病重。

3. 防治技术

（1）农业防治。水旱轮作：有条件时实行水旱轮作，菌核在水中浸泡1个月就会腐烂。覆膜抑菌：定植前畦面全部覆盖地膜，可以抑制子囊盘出土释放子囊孢子，减少菌源。

（2）化学防治。发病初期可用25%啶菌噁唑悬浮剂（创露）1 000倍液、50%腐霉利可湿性粉剂（露优闯）1 000倍液、500克/升异菌脲悬浮剂（扑海因、泰美露）1 000倍液、50%啶酰菌胺水分散粒剂（凯泽）1 000倍液叶面喷雾，视田间情况7~10天轮换不同药剂施用，连续施药2~3次。

五、西瓜根腐病

西瓜根腐病是西瓜常见病害之一，其发生历史久远，在我国西瓜各种植区均有发生。该病具有发生早、蔓延快、危害重的特点，轻病田块的发病率为3%~5%，平均发病率为20%~30%，重病田块的发病率可达60%以上，严重影响西瓜的产量和品质。

1. 症状

西瓜根腐病主要危害西瓜的根和茎基部。①播种后未出土，烂种烂芽，出土后，在子叶期出现地上部分萎蔫猝倒死亡，拔出后可见根系呈黄色或黄褐色腐烂，严重时蔓延至全根。②移栽后，初呈水渍状，后呈浅褐色至深褐色腐烂，维管束变褐，根部发病一般不向茎部扩展，这点与枯萎病不同。通常发现该病时叶片已经出现萎蔫或大部分叶片向上翻卷，植株生长缓慢。初期叶片中午萎蔫，早、晚可恢复正常，反复几天后，整个植株因根部严重腐烂而萎蔫死亡（图4-14～图4-16）。

（a）初期主根变色坏死 　　（b）扩展至整条主根 　　（c）扩展至整个根部 　　（d）茎基部变色

图4-14　西瓜根腐病侵染根部和茎基部症状（杨松、方邦林提供）

图4-15　西瓜根腐病引起根和茎基部变色坏死（赵志洪提供） 　　**图4-16　根腐病引起地上部分萎蔫（江君辉提供）**

2. 病原菌及发生规律

引起西瓜根腐病的病原菌为腐皮镰孢菌（*Fusarium solani*），属半知菌亚门真菌（图4-17）。

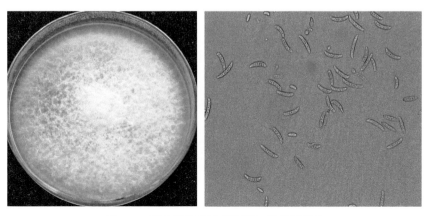

图4-17　腐皮镰孢菌（王汉荣、武军提供）

病原菌以菌丝体、厚垣孢子或菌核在土壤及病残体中越冬，其厚垣孢子可在土壤中存活5～6年或长达10年以上，成为主要侵染源。病原菌从根部伤口侵入，后在病部产生分生孢子，借雨水或灌溉水传播蔓延，进行再侵染。高温、高湿有利于其发病，连作地、低洼地、黏土地发病重。

3. 防治技术

（1）农业防治。选用抗病或耐病西瓜品种和砧木品种。使用野生西瓜、葫芦或南瓜作砧木，培育抗病的嫁接西瓜苗，进行嫁接防病。采用无病种子或消毒种子，用11%精甲·咯·嘧菌悬浮剂（宇龙根靓）500倍液浸种1小时，用清水冲洗2次后催芽。加强田间管理，与其他作物实行2～3年水旱轮作，深耕土壤，施足腐熟有机肥，增施磷、钾肥。

（2）化学防治。移栽前，用30%噁霉灵水剂（土菌消）2 000倍液进行土壤喷雾处理；移栽或发病初期可用100亿芽孢/克枯草芽孢杆菌可湿性粉剂（良承）500倍液+30%噁霉灵水剂（土菌消）2 000倍液+含腐殖酸的水溶肥料（良将根逸）1 000倍液进行药剂灌根防治，间隔3～5天，连续灌根2～3次，促进植株早发新根。

六、西瓜枯萎病

西瓜枯萎病又称萎蔫病或蔓割病，是西瓜的主要病害之一，该病在我国分布广泛，苗期至结果期均可发生，以伸蔓期至结果初期发病普遍，结瓜期发病最盛。连作多年的瓜田发病尤为严重，常可造成全田毁灭。

1. 症状

幼苗受害时，即在土中腐烂，不能出土，或出土后顶端呈现失水状，子叶萎蔫，茎基部变褐收缩，发生猝倒。成株期发病，初期植株基部叶片首先萎蔫，逐渐向上发展，萎垂叶片叶缘及叶尖变为褐色到黑褐色，焦枯，随后出现失水状萎蔫。病情发展缓慢时，初期中午萎蔫、早晚恢复，几次反复后病株枯死，叶片呈褐色，叶片不脱落。环境条件适宜时，病情发展迅速，叶和蔓可突然由下而上全部萎蔫。病蔓表皮多纵裂，裂口处有树脂状胶质物溢出。剖视病蔓基部，可见维管束变为褐色，断面上黄褐色圆点排成环状。在潮湿条件下，病部可产生白色或粉红色霉层（图4-18～图4-23）。

（a）四叶一心期秧苗枯萎　　（b）五叶一心期秧苗枯萎　　（c）六叶一心期秧苗枯萎

图4-18　枯萎病症状（甄银伟提供）

（d）伸蔓期秧苗枯萎　　　　　　　（e）根系变色坏死　　　　　　　（f）茎基部变色

图4-18　（续）

图4-19　藤蔓上琥珀色胶状物（王东伟提供）

图4-20　茎基部维管束变色纵向（赵志洪提供）

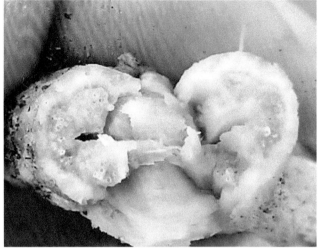

图4-21　茎基部维管束变色横向（杨松、江君辉提供）

图4-22　伸蔓期植株枯萎（江于良提供）

图4-23　枯萎病结果期植株枯萎（江于良提供）

2. 病原菌及发生规律

引起西瓜枯萎病的病原菌为尖孢镰孢菌（*Fusarium oxysporum*）（图4-24）。

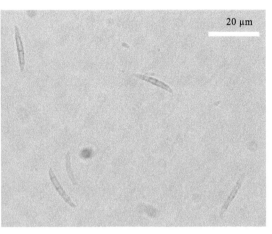

20 μm

图4-24　尖孢镰孢菌（王汉荣、武军提供）

病原菌通过种子、病残体及土壤传播。病原菌在土壤中可存活10年以上。病原菌经牲畜消化道排出仍有生存能力。

高温、高湿是病害发生的关键。久雨遇旱或时雨时旱的条件下易发病。密度大，偏施氮肥造成徒长也易发病。此外，病原菌在pH值<5的酸性土壤环境下易于繁殖，加速其侵染。

3. 防治技术

（1）农业防治。提倡水旱轮作，避免连作重茬，深翻土壤。旱地轮作7～8年，水旱轮作5年以上。施用腐熟的基肥，每亩（1亩≈667米²）可用微生物菌肥（良择康）25千克+控释肥（N-P-K＝17-9-17）（佳泽）20千克作底肥撒施；旱地轮作7～8年，水旱轮作5年以上。嫁接育苗：使用野生西瓜、葫芦或南瓜作砧木，培育抗病的嫁接西瓜苗，进行嫁接防病。选择抗性品种。发病时要控制水分，及时清除病株，带出棚外集中销毁或深埋。播种时期选择地温高于15℃进行移栽，建议选用起垄栽培，提高地温和含氧量，促进根系的生长发育，提高抗病能力。

（2）化学防治。移栽前：土壤处理可用内生菌根菌剂颗粒剂（世佳伊宝）每穴5毫升穴施，1%噁菌酯颗粒剂（迅好）2～4千克/亩拌肥或拌土撒施。移栽或发病初期：可用100亿芽孢/克枯草芽孢杆菌可湿性粉剂（良承）500倍液+30%噁霉灵水剂（土菌消）2 000倍液，或11%精甲·咯·嘧菌悬浮种衣剂（宇龙根靓）1 000倍液，添加含腐殖酸水溶肥料（良将根逸）1 000倍液灌根防治，间隔3～5天，连续轮换药剂灌根2～3次，促进植株早发新根。

七、西瓜炭疽病

炭疽病是西瓜田常见病害，多发在西瓜生长后期，造成烂果，是重要的采后病害。

1. 症状

炭疽病主要为害苗期至成株期西瓜地上部分。

幼苗受害，一般在近地面的茎基部形成淡黄色至浅褐色的长椭圆形凹陷斑，严重时病斑可环绕全茎，并缢缩引起猝倒。叶片受害形成圆形轮纹状褐斑，病斑中间易穿孔。茎、叶柄受害，初为水渍状黄褐色圆斑，后扩展为稍凹陷的褐色至黑褐色的长圆斑，有时病斑环绕茎、叶柄，引起枯死。果实受害，初为暗绿油渍状小斑点，后扩大呈圆形，暗褐色稍凹陷，湿度大时，病斑上出现橘红色黏状物（图4-25～图4-28）。

（a）发病初期叶片症状　　　　（b）发病中期叶片症状　　　　（c）发病后期叶片症状

图4-25　西瓜炭疽病不同时期叶片发病症状（杨松提供）

图4-26　叶片发病初期症状　　　　　　**图4-27　叶片发病后期症状（方邦林提供）**

（a）发病初期果实症状　　　　　　　　（b）发病中后期果实症状

图4-28　西瓜果实发病症状（陈孔嘉提供）

2. 病原菌及发生规律

西瓜炭疽病菌是由瓜类刺盘孢（*Colletotrichum orbiculare*）侵染引起的（图4-29）。

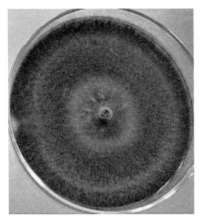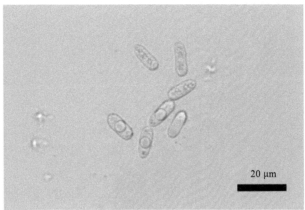

图4-29　瓜类刺盘孢（王汉荣、武军提供）

种子及病株残体带菌是初侵染源，病原菌靠雨水和灌溉水传播，在田间再次侵染。

西瓜炭疽病的发生主要与品种和气候条件有关。西瓜生产中有高抗品种，如果使用高抗品种，在一般年份种植，无须对炭疽病进行单独防治。气候条件以湿度最为关键，阴雨、大水漫灌，田间湿度大，易导致该病发生和流行。此外，连作、偏施氮肥也会加重发病。

3. 防治技术

（1）农业防治。①选择抗病品种。②使用无病种子或消毒种子，种子消毒可用11%精甲·咯·嘧菌悬浮剂（宇龙根靓）500倍液浸种。③最好与非瓜类作物实行3年以上轮作。注意平整土地，防止田间积水，雨后及时排水，合理密植。瓜类作物收获后要及时清除病残体等。

（2）化学防治

发病初期可选用25%吡唑醚菌酯悬浮剂（兼优）2 000倍液、45%苯醚甲环唑悬浮剂（涌现）3 000倍液、24%苯甲·烯肟可湿性粉剂（靓友）1 000倍液、32.5%苯甲·嘧菌酯悬浮剂（满润）2 000倍液、30%溴菌·咪鲜胺可湿性粉剂（百佳利）1 000～1 500倍液、22.7%二氰蒽醌悬浮剂（博青）1 000倍液叶面喷雾。

八、西瓜细菌性病害

（一）西瓜细菌性角斑病

西瓜细菌性角斑病是西瓜生产上的主要病害之一，在我国北方发生严重，病叶率有时可达70%左右，在西瓜整个生育期均可发病，严重影响西瓜的产量和品质。

1. 症状

西瓜植株地上部分均可受害，但主要为害叶片。苗期受害，在子叶上形成圆形或不规则形、浅黄褐色的半透明点状病斑。成株期受害，在叶片上开始形成水渍状小点，后逐渐扩大为受叶脉限制的多角形或不规则形病斑；潮湿时叶背面病部溢出黄白色菌脓，严重时病叶干枯脱落。茎、果实发病形成水渍状凹陷病斑，并伴有大量菌脓，果实为害严重时可导致果实腐烂（图4-30～图4-32）。

（a）叶片正面水渍状小点　　　　（b）叶片背面水渍状小点　　　　（c）浅黄褐色半透明病斑

图4-30　西瓜细菌性角斑病叶片症状（余朗提供）

（a）发病初期叶片症状　　（b）发病中后期叶片症状

图4-31　不同发病时期叶片症状（王东伟提供）

图4-32　果实发病初期形成水渍状凹陷病斑（江君辉提供）

2. 病原菌及发生规律

引起西瓜细菌性角斑病的病原菌为丁香假单胞菌流泪致病变种（*Pseudomonas syringae* pv. *lachrymans*），属于薄壁菌门假单胞菌属（图4-33）。

病残体、种子带菌为初侵染源。病原菌从伤口和自然孔口侵入，若种子带菌，种子发芽时病原菌即侵入子叶。病原菌通过风雨及昆虫和人的接触传播，形成重复侵染。低温多湿，或潮湿多雨，田间湿度大是病害发生的主要条件。连作地发病重。

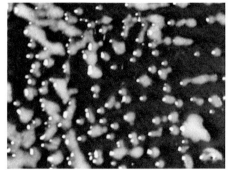

图4-33　丁香假单胞菌流泪致病变种（王汉荣、武军提供）

3. 防治技术

（1）农业防治。与非葫芦科作物2年以上轮作；及时清除病残体并进行深翻；适时整枝，加强通风；选用无病种子和消毒种子，建立无病留种田或从无病植株上采种。

（2）化学防治。发病初期可用6%春雷霉素水剂（良骁）1 000倍液、50%春雷·王铜可湿性粉剂（橙亮）1 000倍液、2%春雷霉素水剂（彩隆）600倍液、77%氢氧化铜水分散粒剂（西歌-77）2 000倍液、40%春雷·噻唑锌悬浮剂（碧锐）1 000倍液、3%中生菌素可溶液剂（细格）500倍液、86%波尔多液水分散粒剂（智多收DF）600倍液叶面喷雾，间隔7天左右喷一次药，轮换使用不同作用机理的农药。

（二）西瓜细菌性果斑病

西瓜细菌性果斑病是西瓜上危害严重的世界性病害，该病最早于1965年发生在美国。瓜类细菌性果斑病菌已列入我国禁止进境的检疫性有害生物。

1. 症状

西瓜细菌性果斑病主要侵染叶片和果实，在各个生长期间均可发生。子叶发病时，初期出现水渍状病斑，随着子叶张开，病斑变为暗棕色，并沿叶脉发展为黑褐色坏死斑。真叶发病时，病斑呈暗棕色，水渍状，圆形或多角形，并有黄色晕圈，可侵染叶脉，后期病斑中间变薄穿孔。叶片背面有菌脓溢出，干后变为薄膜且发亮。西瓜果实发病时，初期病斑水渍状，逐步扩大后变褐，后期病斑开裂；有时造成孔洞状伤害，有的病斑表皮龟裂，溢出透明、黏稠、琥珀色菌脓，病原菌可进入果肉，并使种子带菌，严重时果实很快腐烂（图4-34、图4-35）。

（a）沿叶脉侵染，叶片正面水渍状　　　　　　（b）沿叶脉侵染，叶片背面水渍状

图4-34　叶片症状（江于良提供）

（a）孔洞状伤害　（b）初期病斑水渍状　（c）扩大后变褐　（d）溢出透明、黏稠、琥珀色菌脓　（e）病斑表皮龟裂

图4-35　果实症状（甄银伟、赵荣波、杨松提供）

2. 病原菌及发生规律

西瓜细菌性果斑病由西瓜嗜酸菌（*Acidovorax citrulli*）侵染引起，属于薄壁菌门噬酸菌属（图4-36）。

西瓜细菌性果斑病是一种种传病害，病原菌可以附着在种子表面，也能存活于种子内部胚乳表层，且存活时间长，抗逆性强。带菌种子是该病的主要初侵染源。病原菌也可在土壤中的病残体上越冬。带菌种子萌发后病原菌侵染子叶和真叶，引起幼苗发病。移植后导致病害大面积暴发。病叶和病果上的菌脓借雨水、风力、昆虫和农事操作等途径传播，成为再侵染来源。该病在高温、高湿的环境条件下易发病，特别是炎热、强光和暴风雨后，病原菌的繁殖和传播加速，人为传播也可导致该病流行。

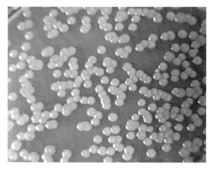

图4-36　嗜酸菌（赵廷昌提供）

3. 防治方法

（1）植物检疫。西瓜细菌性果斑病是我国的检疫性病害，杜绝带菌种子入境，同时注意从无病区引种，生产上用的种子应进行植物检疫。使用无病菌的种子在自然隔离条件下生产无病的原种和商业种。

（2）农业防治。实行至少3年的轮作；不要将在病田中用过的工具拿到无病田中使用；使用无病种子或消毒种子。

（3）化学防治。参考西瓜细菌性角斑病的化学防治。

九、西瓜白粉病

西瓜白粉病俗称"白手"，是西瓜上常见的病害之一，在我国西南（云南）、西北地区、华北地区大棚西瓜中发病较重。

1. 症状

白粉病主要为害西瓜叶片、叶柄和蔓茎。在受害部开始形成白色圆形小粉斑，严重时病斑连片形成一层白色粉状物，后来白色粉状物变为灰色至灰褐色。在秋季西瓜的生长后期，病部可见先为黄色后变成黑色的小点（图4-37 ~ 图4-39）。

（a）叶片正面淡黄色病斑，白色粉状物　　　　　　（b）叶片背面淡黄色病斑，白色粉状物

图4-37　叶片初期症状（宋天义提供）

（a）发病中期叶片症状　　　　　　　　　　　（b）发病中期茎蔓症状

图4-38　发病中期叶片、茎蔓症状（赵荣波提供）

（a）白色粉状物变为灰色至灰褐色，产生小黑点　　　（b）发病后期茎蔓症状

图4-39　发病后期叶片、茎蔓症状（赵荣波提供）

2. 病原菌及发生规律

引起西瓜白粉病的病原菌为苍耳叉丝单囊壳白粉菌（*Podosphaera xanthii*），是专性寄生菌（图4-40）。

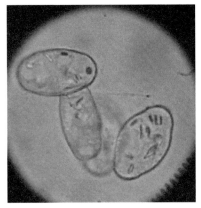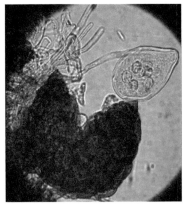

（a）苍耳叉丝单囊壳的分生孢子　　　（b）闭囊壳和子囊的形态

图4-40　苍耳叉丝单囊壳白粉菌（杨渡提供）

病原菌在温室、塑料大棚的瓜类作物上越冬，其有性世代也可在病残体上越冬。病原菌通过气流、雨水等途径传播侵染其他植株，使病害传播蔓延。

西瓜白粉病的发生主要与气候条件有关。温度高、湿度大有利于发病。另外，缺肥、缺水，管理不善，植株生长衰弱，抗病性降低，氮肥施用过多，排水不良或浇水过多，植株徒长田间郁闭，通风透光差均可加重该病的发生。

3. 防治技术

（1）农业防治。合理密植，及时整枝理蔓，不偏施氮肥，增施磷、钾肥，增强植株抗病性。种植前或收获后应彻底清除病残体，生长期也应经常摘除老病叶，减少侵染来源。

（2）化学防治。发病初期可选用25%乙嘧酚磺酸酯微乳剂（俊劫）1 000倍液、10%宁南霉素可溶粉剂（德紫）500倍液、25%乙嘧酚悬浮剂（粉星）800倍液、43%氟菌·肟菌酯悬浮剂（露娜森）2 000倍液、80%硫磺水分散粒剂（卡白）500倍液、20%吡噻菌胺悬浮剂（艾翡特）1 000倍液、20%戊菌唑水乳剂（宇龙吉秀）1 500倍液喷雾防治。

十、西瓜霜霉病

霜霉病是西瓜的一个重要病害，在连续降雨条件下，可造成下部叶片全部枯死。病原物于叶背叶脉间侵染，不会侵染西瓜的叶脉。

1. 症状

霜霉病主要为害西瓜叶片。在叶片上开始为水渍状黄色斑点，后扩大为受叶脉限制的不规则多角形黄褐斑；在潮湿条件下，叶背面病斑上有灰黑色霉层；一般底部叶片先发病，由下至上蔓延，严重时病斑连成片，整叶干枯（图4-41～图4-43）。

（a）叶片正面　　　　　　　　　　　　　（b）叶片背面

图4-41　西瓜霜霉病发病初期症状（陶勇提供）

图4-42　发病中期受叶脉限制的不规则多角形病斑（方邦林提供）

图4-43　发病后期病斑连片，整叶干枯（潘锡志提供）

2.病原菌及发生规律

引起西瓜霜霉病的病原菌为古巴假霜霉（*Pseudoperonospora cubensis*）（图4-44）。

病原菌在大棚的瓜类作物或病株残体越冬，成为翌年初侵染源。病原菌通过气流、雨水、昆虫等途径传播。病原菌在叶面的侵染必须要有水膜或水滴作为条件。

适温高湿是病害流行的重要条件，病害流行的适温为20～24℃，高于30℃或低于10℃病害受到抑制。湿度越高，发病越重，暴雨、大雨或漫灌易导致病害流行。

3.防治技术

（1）农业防治。选择地势高、土质肥沃、质地沙壤的地块栽种；在生长前期适当控水；及时整枝，保持田间通风良好。

（2）化学防治。722克/升霜霉威盐酸盐水剂（世佳）600倍液、75%代森锰锌干悬浮剂（淳青）600倍液、80%烯酰吗啉水分散粒剂（世佳威铭）2 000倍液、72%霜脲·锰锌可湿性粉剂（大美露）800倍液、64%噁霜·锰锌可湿性粉剂（金可凡）800倍液、720克/升百菌清悬浮剂（泰禾百彩）1 000倍液、50%锰锌·氟吗啉可湿性粉剂（施得益）800倍液叶面喷雾，均匀喷药且药后及时通风。

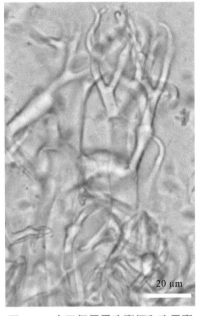

20 μm

图4-44 古巴假霜霉孢囊梗和孢子囊
（王汉荣、武军提供）

十一、西瓜疫病

西瓜疫病又称"疫霉病"，在我国西瓜各产区均有发生，是西瓜生产中的主要病害之一，其发生具有"来势快，控制难"的特点，对西瓜生产破坏性极大。

1.症状

西瓜疫病主要为害西瓜地上部分的茎蔓。

叶片受害：形成由叶缘向内扩展的圆形或不规则形暗绿色病斑，潮湿时呈水浸状腐烂，干燥时产生青白色至黄褐色圆形斑，极易破裂。茎部受害：茎基部产生暗绿色水渍状病斑，病部缢缩，潮湿时腐烂，干燥时呈灰褐色干枯，植物地上部分迅速青枯、死亡。果实受害：初期产生暗绿色近圆形水渍状病斑，潮湿时病斑蔓延快，病部凹陷腐烂，表面长出稀疏的白色霉状物（图4-45～图4-47）。

图4-45 苗期潮湿时呈水浸状腐烂（陈孔嘉提供）

（a）定植后茎基部症状　　　（b）叶片症状　　　（c）嫩梢症状　　　（d）茎秆症状

图4-46　西瓜植株不同部位的发病症状（王东伟提供）

（a）发黑并有白色霉状物　　（b）湿度低时病斑发黑　　（c）湿度大时病斑水渍状、色浅，并有白色霉状物

图4-47　西瓜果实发病症状（甄银伟、杨松提供）

2. 病原菌及发生规律

引起西瓜疫病的病原菌为德雷疫霉（*Phytophthora drechsleri*）（图4-48）。

病原菌以菌丝、孢子等随病残体在土壤或粪肥中越冬成为翌年主要初侵染源，种子也能带菌。病原菌通过风雨、灌溉水、肥料、农具等传播。

病害发生与气候条件和田间管理密切相关。雨季早、雨日多、雨量大发病重，暴雨时蔓延更快。江浙一带多春雨和梅雨，是西瓜疫病发生严重的主要原因。

3. 防治方法

（1）农业防治。与5年以上未种过葫芦科作物轮作，选择地势

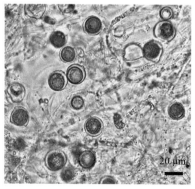

图4-48　德雷疫霉的菌丝和游动孢子囊形态（王汉荣、武军提供）

高、土质肥沃、沙壤的地块栽种；及时整枝，保持田间通风良好。严禁漫灌、串灌。

（2）化学防治。参考西瓜霜霉病的化学防治。

十二、西瓜病毒病

我国西瓜病毒病发生普遍，尤其是露地种植的西瓜受害更加严重，一些病重的年份会造成严重减产，甚至绝收。

1. 症状

由于西瓜品种繁多，栽培方式和环境各异，加之毒原种类多，因此，其田间症状十分复杂，主要症状有花叶蕨叶和黄化。

花叶蕨叶：花叶蕨叶多半是由小西葫芦花叶病毒（ZYMV）、西瓜花叶病毒（WMV）、黄瓜花叶病毒（CMV）、番木瓜环斑病毒（PRSV-W）和南瓜花叶病毒（SqMV）引起。叶片或果实呈花脸状，有些部位绿色变浅。有的不仅花叶，同时也黄化，成黄花叶。病害严重时，叶片畸形，呈鞋带状、鸡爪状，也称蕨叶。有时果实畸形（图4-49～图4-51）。

黄化：黄化症状主要由瓜类蚜传黄化病毒（CABYV）和西瓜蚜传黄化病毒（WABYV）引起，经蚜虫持久方式传播。叶片黄化，叶脉仍绿，叶片变脆、硬、厚。自中下部向上发展至全株。

另外，还有坏死斑点、黄化斑点、皱缩卷叶等症状，是由不同的病毒感染引起的。

（a）苗期花叶病毒病　　　（b）叶片凹凸不平　　　（c）叶片变细小

（d）嫩梢缩头　　　（e）叶片上有浓绿色的绿岛　　　图4-50　蕨叶症状的病毒病
图4-49　花叶症状的病毒病（赵志洪、杨松提供）　　　（宋天义提供）

图4-51　果实表面皱缩、凹凸不平、畸形（杨松提供）

2. 病原菌及发生规律

主要通过媒介昆虫（蚜虫、烟粉虱和其他少数昆虫）传播，亦可通过种子、农事操作等途径传播。

西瓜病毒病发生主要与气候条件、媒介昆虫数量有关。高温、干旱条件下，媒介昆虫的发生导致病害潜育期变短，田间再侵染次数多，植株长势弱，发病早、发病重；反之，低温、降雨、天气潮湿条件下，发病迟、发病轻。

3. 防治方法

（1）种子消毒。选用经过干热处理的西瓜种子；西瓜种子分别加入55℃清水，搅拌至30℃，浸泡4小时后使用清水反复搓洗3次，直至无黏液，之后使用10%磷酸三钠溶液浸种20分钟，用流动清水至少反复搓洗4次，直至种子表面光滑清爽无黏液，再进行催芽。

（2）农业防治。适时早播：提早西瓜生育期以减轻发病，发病初期适当增施氮肥并灌水，提高土壤及空气湿度，促进生长，抑制病毒病危害。治虫防传播：严格控制蚜虫、蓟马、白粉虱等媒介昆虫传播。

（3）化学防治。发病初期可用8%宁南霉素水剂（良册）600倍液、6% 28-高芸·寡糖可溶液剂（老船长）2 000倍液、80%盐酸吗啉胍可溶粉剂2 000倍液交替用药喷雾，同时添加花围美1 000倍液+0.4% 24-表芸·赤霉酸水剂（鼎翠）1 500倍液。注意蚜虫、蓟马、白粉虱的防治。

十三、西瓜绿斑驳花叶病毒病

西瓜绿斑驳花叶病毒病是我国检疫性有害生物，严重为害葫芦科作物。该病具有高致病性、传播速度快、难防治的特点，一旦蔓延，对西瓜生产将造成毁灭性的损失。近年来发生呈上升趋势，已成为西瓜生产上一种重要病害。

1. 症状

幼苗和成株期均可发病。早期受侵染的西瓜植株生长缓慢，出现不规则的褪色或淡黄色花叶，绿色部位突出表面，沿叶片边缘向内绿色变浅，叶片呈不均匀花叶、斑驳，有的出现黄斑点。叶面凹凸不平，叶缘上卷，其后出现浓绿凹凸斑。后期叶脉透化，叶片变小，引起植株矮化，叶片斑驳扭曲，呈系统性传染。病蔓生长停滞并萎蔫，严重时整株变黄，不能正常生长而死亡；果梗部常出现褐色坏死条纹，果实表面有不明显的浓绿圆斑，有时长出不明显的深绿色瘤泡。西瓜果实变成水瓤瓜，瓤色常呈暗红色，俗称"血果肉"，不能食用，失去商品价值（图4-52 ~ 图4-54）。

图4-52　西瓜绿斑驳花叶病毒病叶片症状（杨松提供）

（a）果柄发病前期轻微蚀刻　　　（b）果柄发病中期明显蚀刻　　　（c）果柄发病中后期明显蚀刻

（d）果柄发病后期严重蚀刻　　　　　　　（e）藤蔓和果柄均有蚀刻

图4-53　果柄褐色坏死条纹（王东伟提供）

蚀刻：褐色坏死条斑。

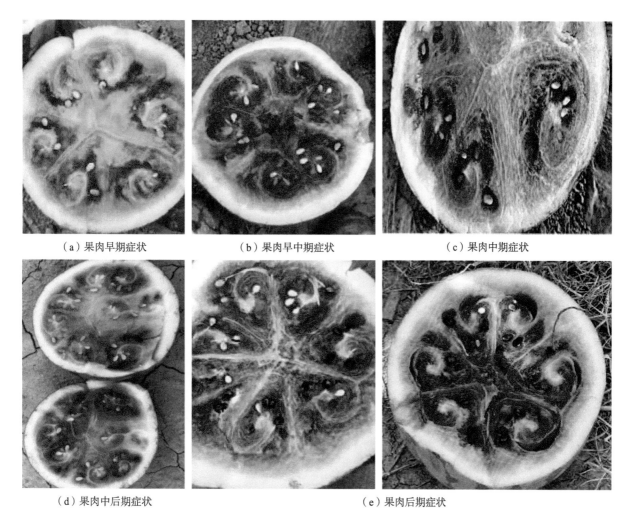

（a）果肉早期症状　　　　　　　（b）果肉早中期症状　　　　　　　（c）果肉中期症状

（d）果肉中后期症状　　　　　　　　　　　　　（e）果肉后期症状

图4-54　水瓤瓜，瓤色呈暗红色（赵荣波、方邦林提供）

2. 病原菌及发生规律

西瓜绿斑驳花叶病毒病主要由黄瓜绿斑驳花叶病毒（CGMMV）引起。属于芜菁花叶病毒科、烟草花叶病毒属病毒。通过种子和接触传播，此外也可通过汁液、农事操作及叶片接触等方式传播，带毒种子传播是该病毒远距离传播的主要途径。该病毒在土壤中可存活一年以上。据调查分析，购买带毒西瓜砧木种子为该病传入的传染源，通过集约化嫁接育苗，出售带毒西瓜嫁接苗等途径传播扩散，部分西瓜老产区的育苗、嫁接及整枝等农事操作以及连作地土壤带毒等因素加剧了病害蔓延。

3. 防治方法

（1）种子消毒。选用经过干热处理的西瓜种子；西瓜种子分别加入55℃清水，搅拌至30℃，浸泡4小时后使用清水反复搓洗3次，直至无黏液。之后使用10%磷酸三钠溶液浸种20分钟，用流动清水至少反复搓洗4次，直至种子表面光滑清爽无黏液，再进行催芽。

（2）农业防治。黄瓜绿斑驳病毒属于检疫性病毒，一般通过种子带毒，一旦发生需及时清理销毁。禁止发病田块种植西瓜。发病田块不要连续种植西瓜、南瓜、黄瓜、甜瓜、葫芦等作物，要用水稻等作物进行轮作。

十四、西瓜根结线虫病

西瓜根结线虫病在世界各西瓜种植区均有发生。我国西瓜根结线虫病在沙质土壤中发生较重，一般减产10%～15%，严重时高达70%。

1.症状

西瓜根结线虫侵染为害西瓜的根部，并在根部取食与繁殖，使根部形成大小与形状不等的瘤状物即根结，根结呈串珠状。黄褐色至黑褐色，剖开根结可见许多白色柠檬形雌虫，有时可见蠕虫形雄虫。西瓜根结线虫侵染引起地上部植株矮小不长、褪绿黄化、整株枯死、坐不住瓜或瓜长不大，遇有干旱天气，不到中午就萎蔫，严重影响西瓜产量和品质，土壤中根结线虫的虫口密度很高时，可引起西瓜植株萎蔫死亡（图4-55、图4-56）。

（a）植株矮小生长不良

（b）叶片深绿

（c）叶面凹凸不平，生长缓慢

图4-55　根结线虫侵染后植株地上部分症状（江于良提供）

（a）穴盘苗的须根上有细小的根结　　　　　（b）大苗须根上有少量细小的根结

图4-56　根结线虫侵染后根部症状（赵志洪、赵荣波提供）

（c）大苗须根上有明显的根结　　　　　　　　　　　（d）伸蔓期植株须根上有明显的根结

图4-56　（续）

2. 病原菌及发生规律

侵染西瓜的根结线虫主要有南方根结线虫（*Meloidogyne incognita*）、爪哇根结线虫（*M. javanica*）、北方根结线虫（*M. hapla*）和花生根结线虫（*M. arenaria*），属于线虫门根结线虫属植物寄生线虫。

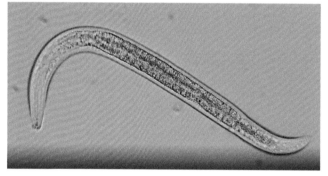

根结线虫主要以卵囊中的卵和卵内的幼虫在土壤和病残体中越冬。病土、病苗及灌溉水是主要传播途径。一般可存活1～3年。根结线虫多在土壤5～30厘米处生存，在适宜的土壤温湿度条件下，卵孵化变成具有侵染性的2龄幼虫。当西瓜播种或移植时2龄幼虫向西瓜根部移动侵染。根结线虫在一个西瓜生长季节一般能完成1～3个世代，完成一个世代大约在30～40天（图4-57）。

图4-57　根结线虫

西瓜根结线虫病是一类重要的土传病害，根结线虫随农事操作中的土壤到处传播，也随农具和流水传播。土壤含水量过高或长时间干旱缺水均不利于线虫卵孵化以及幼虫的存活和迁移，根结线虫病的发生也会受到抑制。

3. 防治方法

（1）农业防治。选用无病苗、科学栽培管理；减少氮肥施用量，增施有机肥或农家肥；水旱轮作、高温闷棚对西瓜根结线虫具有较好的防效。

（2）化学防治。

定植前可用10%噻唑膦颗粒剂1.5～2.0千克/亩土壤撒施。在发病初期，用1.8%阿维菌素乳油（世佳龙宝）1 000倍液、41.7%氟吡菌酰胺悬浮剂（路富达）10 000倍液灌根，灌根时添加含腐殖酸的水溶肥料（良将根逸）1 000倍液，以促发新根，恢复长势。

十五、西瓜叶枯病

西瓜叶枯病又称黑斑病、早疫病、轮纹病，是西瓜生产上常见的叶部病害。在全国各西瓜产区均有发生，严重的可达60%～70%。近年来有严重发生的趋势，在西瓜中后期常造成叶片大量枯死，严重影响西瓜产量。

1.症状

西瓜叶枯病主要为害叶片，也可为害叶柄、瓜蔓及果实。发病初期病斑呈水渍状褐色小点，逐渐扩大为边缘隆起、外围为褪绿的褐色晕圈、直径2～5毫米的轮纹圆形斑，发病后期有时几个病斑合并成大斑，不久叶片焦枯。病原菌侵入果肉，导致果实腐烂（图4-58、图4-59）。

（a）初期　　　　　　　　　　（b）中期　　　　　　　　　　（c）后期

图4-58　发病症状（陶勇、叶树军提供）

图4-59　结果期叶片症状（陶勇、叶树军提供）

2.病原菌及发生规律

引起西瓜叶枯病的病原为瓜链格孢（*Alternaria cucumerina*）（图4-60）。

种子、病残体和冬季存活寄主携带的病原菌是初侵染源。病原菌通过气流、风雨传播，形成再次侵染。

高温高湿是病害流行的重要条件。坐果期气温高、田间湿度大，易于病害发生。另外，连作、植株生长不良也有利于发病。

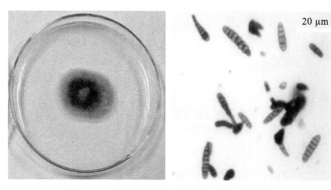

图4-60　瓜链格孢（王汉荣、武军提供）

3. 防治方法

（1）种子消毒。西瓜种子分别加入55℃清水，搅拌至30℃，浸泡4小时后使用清水反复搓洗3次，直至无黏液，再进行催芽。药剂浸种可选用11%精甲·咯·嘧菌悬浮剂（宇龙根靓）500倍液浸种。

（2）农业防治。包括轮作换茬、清除病残体、翻耕、合理肥水管理等。

（3）化学防治。参考西瓜炭疽病的化学防治。

十六、西瓜叶斑病

西瓜叶斑病是西瓜生产上常见的病害，发生较普遍，分布广泛。在露地西瓜发病重，现以大棚西瓜发生严重，一般病株率20%～30%，发病严重时病株率可达60%～80%，部分叶片因病枯死，严重影响产量与品质。

1. 症状

西瓜叶斑病主要为害叶片，初期在叶片上出现暗绿色近圆形病斑，略呈水渍状，之后发展成褐至灰褐色不定形坏死斑，病健交界处有明显的黄色晕圈，后病斑中间灰白色，边缘颜色较深，病斑大小差异较大，有时病斑轮纹明显。空气潮湿时病斑上产生灰褐色霉状物，即病原菌分生孢子梗和分生孢子。严重时叶片上病斑密布，短时期内导致叶片坏死干枯（图4-61、图4-62）。

（a）大小不一的病斑　　　　（b）病斑黄色晕圈，有轮纹，中间灰白色

图4-61　叶片发病症状（余朗提供）

（a）发病初期叶片症状

（b）发病中后期叶片症状

（c）发病后期叶片症状

图4-62　不同时期叶片发病症状（江君辉提供）

2. 病原菌及发生规律

西瓜叶斑病由瓜类明针尾孢霉（*Cercospora citrullina*）侵染引起，属半知菌亚门真菌（图4-63）。

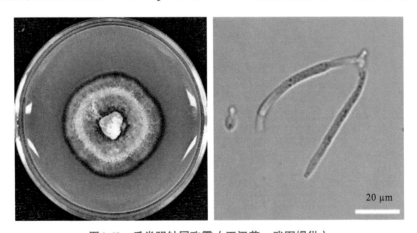

20 µm

图4-63　瓜类明针尾孢霉（王汉荣、武军提供）

病原菌主要以菌丝体随病残组织越冬，也可在设施栽培的其他瓜类上为害越冬，经气流传播引起发病。越冬病菌在春秋条件适宜时产生分生孢子，借风雨和农事操作等传播，由气孔或直接穿透表皮侵入，发病后产生新的分生孢子进行多次重复侵染。高温高湿有利于发病。西瓜生长期气温适宜，湿度大或阴雨天发病较重。此外，平畦种植、大水漫灌、植株缺水缺肥、长势衰弱或保护地通风不良等发病较重。

3.防治方法

（1）农业防治。与非瓜类作物实行2年以上轮作。加强管理，做好瓜田排水，通风透光，严禁大水漫灌。清洁田园，减少田间菌源。

（2）化学防治。参考西瓜炭疽病的化学防治。

十七、西瓜褐斑病

西瓜褐斑病在西瓜生产上发生较轻，是一种偶发性的病害。2022年局部地区有加重发生的趋势。

1.症状

西瓜褐斑病主要为害西瓜叶片，初在叶片上出现呈水渍状的暗褐色小点，以后发展成褐色至深褐色的椭圆形至近圆形病斑，中部灰褐色，边缘褐色至红褐色。病健交界明显，无晕圈，病斑大小差异较大，病斑轮纹明显，后期病斑上生出小黑粒点，即病菌分生孢子器。严重时叶片上病斑密布，致使叶片坏死干枯（图4-64、图4-65）。

（a）子叶、真叶、叶缘均能发病　　　　　　　　（b）大小不一，有轮纹，中间灰白色

图4-64　西瓜褐斑病叶片发病症状（潘锡志、叶树军提供）

（a）发病初期呈水渍状的暗褐色小点　　　（b）发病中期病健交界明显　　　（c）发病后期

图4-65　西瓜褐斑病不同发病时期叶片症状（杨松、方邦林提供）

2.病原菌及发生规律

西瓜褐斑病是由西瓜叶点霉（*Phyllosticta sorghina* Sacc）侵染引起，属半知菌亚门真菌。病原菌主要以分生孢子器在植物病残体上越冬。翌春产生分生孢子，借风雨传播蔓延，进行初侵染和再侵染。多雨年份，多雨季节，缺肥易发病（图4-66）。

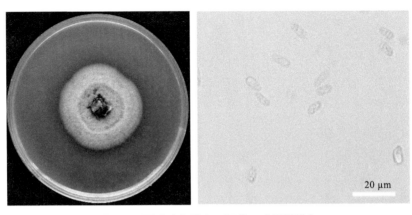

图4-66 西瓜叶点霉（王汉荣、武军提供）

3.防治方法

（1）农业防治。施用充分腐熟有机肥，提高寄主抗病力；加强管理瓜田通风透光，排水排湿，严禁大水漫灌。

（2）化学防治。参考西瓜炭疽病的化学防治。

第五章

西瓜主要虫害及其防治

西瓜常见虫害有蚜虫、蓟马、白粉虱、美洲斑潜蝇、瓜实蝇、鳞翅目害虫、害螨、地下害虫等。

一、蚜虫

蚜虫的种类很多，但为害西瓜的蚜虫主要为棉蚜（*Aphis gossypii* Glover），又名蜜虫、腻虫，属同翅目蚜科（图5-1）。

1. 发生特点

蚜虫在越冬寄主上孵化、生活和繁殖2～3代。4月底或5月初产生有翅蚜，蚜虫繁殖力强，夏季4～5天即可完成一代。一头雌蚜在适宜条件下每天最多可产若蚜18头，一生可胎生若蚜60～70头。

蚜虫消长与温湿度有密切关系。温度16～25℃，相对湿度70%以下是其最适宜的气候条件。较干旱的气候条件利于其发生，而雨水多、湿度大，对其发生不利。

图5-1　蚜虫（甄银伟提供）

2. 为害症状

蚜虫的成虫和若虫栖息在西瓜植株叶背、嫩茎和生长点上刺吸汁液。苗期嫩叶和生长点受害造成叶片卷缩，严重为害时叶片大多卷曲成团，苗生长停滞，继续发展则整株萎蔫死亡。在光照弱、空气湿度大时，蚜虫分泌的蜜露可为害西瓜叶片、茎和果实，形成一层黑色霉状物，即煤污病（图5-2～图5-6）。

图5-2　西瓜植株苗期发生蚜虫（王东伟提供）

（a）瓜苗生长停滞　　　　　　　　（b）叶片卷缩　　　　　　　　（c）蚜虫寄主叶背

图5-3　蚜虫在西瓜上为害状（甄银伟、陈孔嘉提供）

（a）蚜虫初发期

（b）蚜虫发生中期

（c）蚜虫发生高峰期

图5-4　蚜虫为害叶片症状（潘锡志提供）

（a）煤污病初期

（b）煤污病中期

（c）煤污病后期

图5-5　蚜虫引起的煤污病（余朗提供）

图5-6　蚜虫在果实上的分泌物（甄银伟提供）

3. 防治方法

（1）农业防治。清除田间杂草，集中清理西瓜残株病叶，减少蚜虫迁飞栖息的场所。

（2）物理防治。利用有翅蚜对黄色有较强趋性，在田间悬挂黄色粘虫板进行蚜虫防治。利用银灰色对蚜虫的趋避作用，可用银灰色膜代替普通地膜覆盖。

（3）化学防治。防治蚜虫时宜及早用药，常用药剂有20%氟啶虫酰胺水分散粒剂（良益）2 000倍液、60%吡蚜·呋虫胺水分散粒剂（鲜蓟）1 000倍液、70%啶虫脒水分散粒剂（黄龙鼎尊）2 000倍液、70%吡虫啉水分散粒剂（黄龙鼎金）2 000倍液、10%氟啶虫酰胺水分散粒剂（隆施）1 300倍液、

46%氟啶·啶虫脒水分散粒剂（力作）3 000倍液叶面喷雾，防治时可以加入100%三硅氧烷助剂（世佳水动力）3 000倍液提高药液的渗透性、黏附性和延展性，从而提高防效。25%噻虫嗪水分散粒剂500克/亩滴灌，提前预防，长效省工。蚜虫基数过多时可添加90%敌敌畏可溶液剂（大钧）1 000倍液快速降低虫口基数。

二、蓟马

蓟马是一种靠吸取植物汁液为生的昆虫，在动物分类学中属于昆虫纲缨翅目蓟马科。蓟马的种类很多，但为害西瓜的蓟马主要有两种：一种是花蓟马（*Frankliniella intonsa*），成虫、若虫多群集于花内取食为害，花器、花瓣受害后成白化，经日晒后变为黑褐色，为害严重时花朵萎蔫。叶片受害后呈现银白色条斑，严重的枯焦萎缩；另一种为瓜蓟马（*Thrips flavus* Schrank），又称棕榈蓟马、棕黄蓟马。下面以瓜蓟马为例介绍发生特点、为害症状等。

1. 发生特点

瓜蓟马在南方一年可发生20代以上。多以成虫潜伏在土块、土地缝下或枯枝落叶间越冬，成虫具有向上、喜嫩绿的习性，且特别活跃，能飞善跳，爬动敏捷，畏强光。雌成虫主要进行孤雌生殖，也偶有两性生殖；卵散产于叶肉组织内，3龄末期停止取食，坠落在表土。

瓜蓟马发育最适宜温度25~30℃，土壤含水量8%~18%。在早春低温、雨水多的条件下瓜蓟马发生数量少。而在夏、秋两季土壤湿度一般都能满足蓟马的要求，为大发生提供了适宜的条件。

瓜蓟马的常见天敌有花蝽和草蛉，花蝽的食量颇大，对瓜蓟马的发生有很好的抑制作用。

图5-7 蓟马为害花朵症状（赵志洪提供）

2. 为害症状

成虫和若虫锉吸心叶、嫩芽、幼果汁液，使被害植株心叶不能展开，生长点萎缩而出现丛生的现象。幼果受害后，毛茸变黑，表皮为锈褐色，幼果出现畸形，生长慢，严重时造成落果（图5-9~图5-11）。

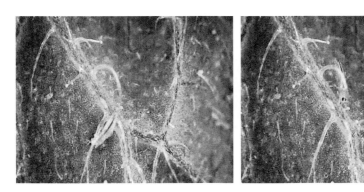

图5-8 蓟马（甄银伟、陈孔嘉提供）

（a）为害嫩梢，缩头和黑头   （b）为害嫩梢，嫩叶不展开

（c）为害幼瓜

图5-9 蓟马为害嫩梢和幼瓜（赵荣波、方邦林提供）

图5-10 蓟马为害叶片（王东伟提供）

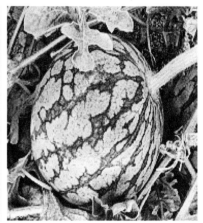

图5-11 果实症状（赵荣波提供）

3. 防治方法

（1）农业防治。清除田间杂草和棚内枯枝烂叶，减少蓟马栖息隐藏的场所。

（2）物理防治。利用蓟马成虫较强的趋蓝性及迁飞性，成虫高发期悬挂蓝色粘虫板诱杀成虫，减轻危害。

（3）化学防治。由于蓟马繁殖速度快，易成灾的特点，应注意提前施药预防，可选用25%噻虫嗪水分散粒剂500克/亩滴灌。当每株虫口数达3～5头时进行喷药防治。常用药剂有10%溴氰虫酰胺可分散油悬浮剂（富美百翠）750倍液、8%甲氨基阿维菌素苯甲酸盐水分散粒剂（间蝶）750倍液、25%乙基多杀菌素水分散粒剂（新灭宁）4 000倍液、100克/升乙虫腈悬浮剂（酷毕）1 000倍液、10%多杀霉素悬浮剂（菲达拉尔）1 000倍液、50%杀虫环可溶粉剂（敌美灵）750倍液，同时添加30%螺虫·噻虫啉悬浮剂（威得勇）1 500倍液杀卵。喷药时注意喷花、新叶及叶背；视田间虫害发生情况间隔7天左右喷一次药，连续喷药2～3次，注意交替使用农药，防治时可以加入100%三硅氧烷助剂（世佳水动力）3 000倍液提高药液的渗透性、黏附性和延展性，从而提高防效，达到较好的防治效果。

三、白粉虱

白粉虱（*Trialeurodes vaporariorum* Westwood）属同翅目粉虱科（图5-12）。

1. 发生特点

温室是主要越冬场所，在温室内，一年可发生10多代。7—8月成虫密度增长较快，8—9月为害严重，10月下旬以后气温下降，虫口数量逐渐减少，并开始向温室内迁移继续繁殖与为害。

2. 为害症状

成虫、若虫喜食上部嫩叶，在叶背栖息、吸食。成虫常在清晨羽化，羽化1～3天即可交配产卵。卵多产在上部嫩叶上，随着植株生长，成虫也不断地向上部叶片转移，成虫对黄色有较强的趋性，但忌避白色、银白色。不善于飞翔，在邻近虫源的瓜田先是点片发生，然后逐渐蔓延。附着于调运的苗木、果品是该虫远距离传播的重要途径。

成虫、若虫群集叶背，口器中深及叶部筛管，受害叶片变黄。成虫、若虫均能分泌蜜露，堆聚于果实与叶面上引起煤污病。叶片污染后妨碍植株光合作用和呼吸作用，也可造成叶片萎蔫（图5-12～图5-14）。

图5-12　白粉虱成虫和虫卵（甄银伟、陈孔嘉提供）

（a）幼苗期　　　　　　　　　　　　　　　　（b）苗期

图5-13　白粉虱为害症状（甄银伟、陈孔嘉提供）

| （a）初期为害症状 | （b）中期为害症状 | （c）后期为害症状 |

图5-14　白粉虱不同时期为害症状（甄银伟提供）

3. 防治方法

（1）农业防治。清除田间杂草，避免与瓜类、番茄、豆类混栽或换茬，以减轻发生。白粉虱成虫发生盛期，在田间悬挂黄色粘虫板可有效诱杀成虫。

（2）化学防治。白粉虱世代重叠严重，繁殖速度快，发生早期防治很重要，每隔5天左右喷药一次，连续3~4次。常用杀卵药剂有20%甲维·吡丙醚悬浮剂（爱秋）750倍液、30%螺虫·噻虫啉悬浮剂（威得勇）1 500倍液；常用杀虫药剂有60%吡蚜·呋虫胺水分散粒剂（鲜蓟）1 000倍液、40%呋虫胺可溶粒剂（世佳松彪）2 000倍液、20%呋虫胺可溶粒剂（护瑞）1 000倍液、50%杀虫环可溶粉剂（敌美灵）1 500倍液叶面喷雾，同时添加100%三硅氧烷助剂（世佳水动力）3 000倍液，提高药液的渗透性、黏附性和延展性，从而提高防效。各类农药使用时应严格按照安全间隔期有关规定进行，同时注意农药的交替使用，以延缓害虫对农药产生抗药性。

四、美洲斑潜蝇

美洲斑潜蝇（*Liriomyza sativae* Blanchard）又名蔬菜斑潜蝇、美洲甜瓜斑潜蝇，属双翅目潜蝇科。美洲斑蝇分布范围广，从热带、亚热带到温带均有分布。

1. 发生特点

美洲斑潜蝇在低纬度地区或温室全年都能繁殖。一年可发生15~16代，北方及长江中下游地区露地蔬菜的虫源通过瓜果、蔬菜的运输携带和气流传播。

雌虫产卵于叶片表皮下或裂缝中，有时也产在叶柄。产卵孔比取食孔小，且更圆，直径约0.05毫米。产卵的数量随温度和寄主植物而异，在25℃下雌虫一年平均可产164.5粒卵。根据温度的高低，卵在2~5天内孵化。

北方日光温室中2—3月能见到该虫侵染的虫道，4月中旬可见幼虫、蛹和成虫，为害高峰在7—9月，在自然界中，该虫的世代重叠明显，种群发生高峰在7—9月。种群发生高峰期与衰退期极为突出。

2. 为害症状

美洲斑潜蝇以幼虫蛀食叶片上下表皮之间的叶肉为主，形成黄白色蛇形斑，幼虫对寄主植物的取食造成的损失最大。幼虫在叶片或叶柄上蛀食时形成弯弯曲曲的隧道，隧道常为黄白色，呈典型的蛇形，紧密盘绕并有一定的规律性。虫体的活动还能传播多种病毒（图5-15、图5-16）。

图5-15　美洲斑潜蝇幼虫为害叶片症状（杨松、方邦林提供）

图5-16　美洲斑潜蝇幼虫蛀食时呈典型的虫道（甄银伟、陈孔嘉提供）

3. 防治方法

（1）农业防治。清除瓜棚周围杂草，清洁田园，将斑潜蝇危害的残体集中处理。

（2）物理防治。利用成虫的趋黄习性，可在田间悬挂黄色粘虫板、自制黄板等对成虫进行诱杀。

（3）化学防治。一般在低龄幼虫时期防治效果明显，通常植株一片叶上有3～5头幼虫时进行喷药防治。常用药剂有10%溴氰虫酰胺可分散油悬浮剂（富美百翠）750倍液、5%阿维菌素乳油（世佳神剑）2 000倍液、60%灭蝇胺水分散粒剂2 000倍液叶面喷雾，交替轮换使用不同农药。

五、瓜实蝇

瓜实蝇（*Chaetodacus Coquillett*）又名黄蜂子、针蜂，幼虫称瓜蛆，属双翅目实蝇科。

1. 发生特点

一年发生5代左右，在长江流域每年发生3代左右，以蛹在土下越冬。越冬代成虫在翌年4月出现，第1代发生在4—5月；第2代发生在6—7月；第3代发生于8—9月份。全年第2代为害最重。

成虫白天活动，而中午炎热时常静伏于瓜棚阴凉处或瓜叶背面。对甜味有较强的趋性。成虫羽化后常在地面爬行一段时间后才起飞，飞翔能力强。成虫寿命长达7个月，产卵前期限也很长，约1个月。成虫产卵于瓜内，几粒至几十粒。

2. 为害症状

幼虫孵化后在瓜内蛀食为害，瓜蒂部位变黄变软，严重时可腐烂脱落（图5-17）。成虫从被害瓜中脱出，落地入土化蛹，入土深度在1～5厘米。

图5-17 瓜实蝇幼虫为害西瓜果实症状（潘锡志、杨松提供）

3. 防治技术

（1）农业防治。将田园清理干净并仔细检查，发现烂瓜要及时摘除，及时收集落地烂瓜集中处理（喷药或深埋），减少虫源。

（2）物理防治。瓜实蝇发生严重的地区，可在瓜果刚谢花、花瓣萎缩时套袋护瓜；可安装频振式杀虫灯诱杀；利用瓜实蝇的特性，使用诱粘板、诱粘剂以及诱引剂等方法进行诱杀。

（3）化学防治。在幼果期用1.5%精高效氯氟氰菊酯微囊悬浮剂（安绿丰）1 000倍液、10%溴氰虫酰胺可分散油悬浮剂（富美百翠）750倍液、60%灭蝇胺水分散粒剂2 000倍液叶面喷雾，连续喷施2~3次。

六、鳞翅目害虫

（一）瓜绢螟

瓜绢螟（*Diaphamia indica* Saunders）又名瓜野螟、瓜绢野螟，属鳞翅目螟蛾科，在我国华东、华中、华南和西南各地区均有分布。

1. 发生特点

一年可发生5~6代，在长江中下游地区可发生3~4代。一般认为瓜绢螟以老熟幼虫或蛹在寄主植物枯卷叶内越冬。田间5月下旬已有瓜绢螟卵，6月份就有成虫出现，6月下旬已完成了一代发育。

瓜绢螟成虫第1代发生在4月下旬至5月上旬，第2代在6月上中旬，第3代在7月中下旬，第4代在8月下旬至9月上旬，第5代在10月上中旬，第6代在11月下旬至12月上旬。幼虫一般在4—5月开始出现为害，6—7月虫口密度开始上升，8—9月盛发，是瓜绢螟发生危害的高峰期，10月以后虫口密度下降。

2. 为害症状

西瓜受害较早，经常整块地的瓜被食一空。瓜绢螟世代重叠现象十分严重。瓜绢螟成虫白天潜伏于叶丛或杂草等隐蔽场所，夜间活动，趋光性弱。卵产于叶背，散生或数粒在一起。初孵幼虫先在叶背取食，被害部呈灰白色斑块，3龄后即吐丝将叶片左右缀合，匿居其中为害，可食光叶片，仅剩叶脉，或蛀入幼果及花中为害，或潜蛀瓜藤。幼虫较活泼，遇惊即吐丝下垂，转移他处。幼虫老熟后在被害叶内做白色薄茧化蛹或在根际表土中化蛹（图5-18、图5-19）。

图5-18　瓜绢螟幼虫取食叶片症状（甄银伟提供）

图5-18 （续）

图5-19 瓜绢螟幼虫取食西瓜果皮症状（甄银伟提供）

（二）斜纹夜蛾

斜纹夜蛾（*Spodoptera litura* Fabricius）属鳞翅目夜蛾科。

1. 发生特点

以蛹在土下3～5厘米处越冬。成虫白天潜伏在叶背或土缝等阴暗处，夜间出来活动。每只雌蛾能产卵3～5块，每块约有卵位100～200个，卵多产在叶背的叶脉分叉处，经5～6天就能孵出幼虫，初孵时聚集在叶背，傍晚后爬到植株上取食叶片。成虫有强烈的趋光性和趋化性，黑光灯的效果比普通灯的诱蛾效果明显，另外对糖、醋、酒味很敏感。卵的孵化适温是24℃左右，幼虫在气温25℃时历经14～20天化蛹，化蛹的适合土壤湿度是20%左右的土壤含水量，蛹期为11～18天。

2.为害症状

白天躲在叶下土表处或土缝里，傍晚后爬到植株上取食叶片，以幼虫为害全株，低龄时群集叶背啃食。3龄后分散为害叶片、嫩茎、高龄幼虫可蛀食果实。初孵幼虫在叶背为害，取食叶肉，仅留下表皮；3龄幼虫后造成叶片缺刻、残缺不堪甚至全部吃光，蚕食花蕾造成缺损（图5-20～图5-22）。

图5-20 斜纹夜蛾低龄幼虫（甄银伟提供）

图5-21 斜纹夜蛾高龄幼虫（甄银伟提供）

图5-22 斜纹夜蛾幼虫啃食西瓜果实症状（余朗提供）

（三）甜菜夜蛾

甜菜夜蛾（*Spodoptera exigua*）俗称白菜褐夜蛾，隶属于鳞翅目夜蛾科（图5-23）。

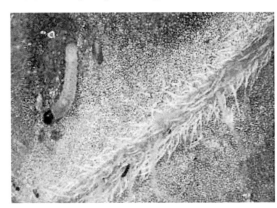
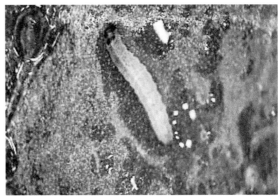

图5-23　甜菜夜蛾幼虫（陈孔嘉提供）

1. 发生特点

长江中下游一年一般发生5～6代，世代重叠，以7—8月为害重。适宜温度20～23℃，相对湿度50%～75%，成虫具有趋光性、假死性。常与斜纹夜蛾混发。

2. 为害症状

3～4龄后分群为害，造成叶片孔洞、缺刻。白天潜于植株下部或土缝，傍晚移出取食，为害严重时可吃光叶肉，仅留叶脉，甚至剥食茎秆皮层。幼虫可成群迁移，稍受惊动便吐丝落地（图5-24、图5-25）。

图5-24　西瓜幼苗上的甜菜夜蛾幼虫（甄银伟提供）　　**图5-25　甜菜夜蛾幼虫蛀食瓜胎**
（甄银伟提供）

3. 鳞翅目害虫防治方法

（1）农业防治。深翻土壤，消灭越冬虫蛹。清除田间杂草，消灭杂草上的低龄幼虫。人工摘除虫叶，虫蛀果实，带出棚外集中销毁。

（2）物理防治。利用成虫的趋光性，用黑光灯诱杀成虫，也可利用成虫的趋化性用糖醋液加少量杀虫剂和性引诱剂诱杀成虫。

（3）化学防治。在幼虫3龄前及时进行药剂喷雾防治，杀卵药剂有20%甲维·吡丙醚悬浮剂（爱秋）1 000倍液、10%虱螨脲悬浮剂（锐立宝）2 000倍液、5%虱螨脲悬浮剂（世佳虫清）1 000倍液；杀虫药剂有10%甲维·茚虫威悬浮剂（良刃）1 500倍液、3%甲维·虱螨脲悬浮剂（斩消）200～400倍液、15%茚虫威悬浮剂（良益）1 500倍液、5%溴虫氟苯双酰胺悬浮剂（芙利亚）1 500倍液、7%氯虫·溴氰菊酯悬浮剂（雷钉）1 000倍液叶面喷雾，同时添加100%三硅氧烷助剂（世佳水动力）3 000倍液，提高药液的渗透性、黏附性和延展性，从而提高防效。用药时注意轮换使用农药，切忌长期使用同一种农药。

七、害螨

西瓜生长过程中发生的害螨种类主要包括截形叶螨（*Tetranychus truncates*）、二斑叶螨（*Tetranychus urticae*）和侧多食跗线螨（*Polyphagotarsonemus latus*）。

1. 发生特点

害螨的发生代数随地区和气候差异而不同。叶螨在我国一年可发生5～30代，由北到南代数逐渐递增。北方地区年发生代数为12～15，以雌成螨在枯枝落叶、杂草根部或土缝中越冬；翌年春天2—3月越冬雌成螨开始出蛰活动，气温10℃以上时开始繁殖。华北地区3月底可见害螨在田边荠菜、田旋花等杂草上取食、生活并繁殖1～2代。害螨迁移能力不强，主要靠爬行、吐丝下垂主动传播，通过农事操作由人、工具等被动传播，也可借风力扩散。高温、干旱是叶螨适宜发生的环境条件，随着温度升高，害螨发生为害加重，海南三亚4月初即进入叶螨的重发期，华中地区和华北地区5月开始出现，5月底至6月底为高峰期。秋季随着气温降低，种群数量减少，为害降低。

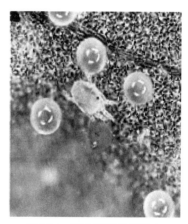

图5-26 卵（甄银伟提供）

2. 为害症状

初期点片发生，而后迅速向四周扩散为害，通常作物中上部叶片灰白及失绿症状明显，种群数量多时常在茎叶之间吐丝结网，严重时导致叶片干枯脱落（图5-26～图5-31）。

图5-27 成螨（陈孔嘉提供）

图5-28　不同时期螨类为害症状（甄银伟提供）

（a）叶片正面　　　　　　　　　　　　　　　（b）叶片背面

图5-29　叶片初期症状（陶勇提供）

图5-30　螨类为害生长点（江君辉提供）　　　　　图5-31　全棚受害症状（张美满提供）

3. 防治技术

（1）农业防治。秋耕灌水，恶化越冬螨的生态环境，清除棚边杂草，消灭越冬虫源。天气干旱时，进行灌水，增加瓜田湿度，不利于其发育繁殖。

（2）化学防治。在螨类点状发生还未向四周扩散时，可选用药剂40%联肼·乙螨唑悬浮剂（良击）2 000倍液、24%阿维·乙螨唑悬浮剂（威顺）2 000倍液、43%联苯肼酯悬浮剂（满纯）2 000倍液、5%噻螨酮乳油（天王威）1 000倍液、30%乙唑螨腈悬浮剂（布加迪）2 000倍液、20%丁氟螨酯悬浮剂（金满枝）1 500倍液、55%单甲脒盐酸盐水剂（锄火龙）1 000倍液，添加非离子表面活性剂（杰小满）2 000倍液或100%三硅氧烷助剂（世佳水动力）3 000倍液，提高药液的渗透性、黏附性和延展性，从而提高防效。间隔5～7天喷一次药，连续喷施2～3次。交替轮换使用不同类型的农药。

八、地下害虫

西瓜主要的地下害虫有蝼蛄、地老虎、蛴螬、金针虫等，主要取食西瓜的种子、根、茎、幼苗、嫩叶以及生长点等，常造成西瓜缺苗断垄或使幼苗生长不良（图5-32～图5-35）。

图5-32　蝼蛄（甄银伟提供）

图5-33　金针虫（赵荣波提供）

图5-34　地老虎（陈孔嘉提供）　　　　　图5-35　蛴螬（王吉锐提供）

（1）农业防治。深翻土壤、精耕细作造成不利于蝼蛄生存的环境，减轻为害；施用腐熟的有机肥料，不施用未腐熟的肥料；实行合理轮作，改良盐碱地，有条件的地区实行水旱轮作；人工捕杀，结合田间操作，采用人工挖洞捕杀虫、卵。

（2）物理防治。灯光诱杀，在田边或村庄利用黑光灯、白炽灯诱杀成虫，减少田间虫口密度。

（3）化学防治。可选用1.5%精高效氯氟氰菊酯微囊悬浮剂（安绿丰）1 000倍液、5%顺式氯氰菊酯乳油（百事达）2 000倍液滴灌，或1%联苯·噻虫胺颗粒剂（家保福）3～4千克/亩撒施。

第六章

西瓜主要生理性病害及其防治

在西瓜生长过程中，由非生物因素引起的病害（如营养、水分、温度、光照、有毒物质等）使西瓜正常生长受到影响，从而导致西瓜品质变劣、产量降低。这类病害没有病原物的侵染，不能在植物个体间互相传染，称非传染性病害，也称生理性病害。本章主要介绍徒长、沤根、冻害、灼伤等生理性病害。

一、西瓜徒长

1. 发生原因

底肥施用不合理，氮素过多；营养生长与生殖生长失调，西瓜茎叶生长旺盛；苗期低温寡照，通风透气不及时，苗床湿度大，易导致高脚苗；早春关棚时间长，通风差，光照不足，土壤与空气湿度较高。

2. 症状

苗期：高脚苗、茎秆细弱、叶薄色淡（图6-1、图6-2）。

伸蔓期：节间变长、叶色淡绿、叶薄狭长、雌花延迟（图6-3）。

坐果期：瓜蔓粗而脆、叶大色浓、生长点翘起、不易坐瓜、易化瓜（图6-4、图6-5）。

图6-1 高脚苗茎秆细弱，叶薄色淡

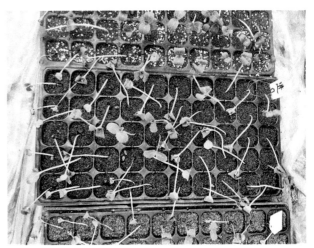

图6-2 高脚苗易倒伏（甄银伟、陈孔嘉提供）

图6-3 伸蔓期生长点翘起（陈孔嘉提供）

图6-4 徒长导致裂藤（余朗提供）

图6-5 徒长导致化瓜（甄银伟提供）

3. 管理措施

（1）合理施用底肥。建议每亩用微生物菌肥（良择康）25千克+控释肥（N-P-K = 17-9-17）（佳泽）20千克作底肥撒施。

（2）苗床要控制温、湿度，及时通风，同时增加光照。

（3）对已经徒长地块，通过整枝压蔓，抑制徒长。苗期：围美磷酸二氢钾300倍液叶面喷施。团棵期：叶面喷施花围美1 000倍液+围美硼1 000倍液叶面喷施，连续喷施2～3次，促进花芽分化，使西瓜由营养生长向生殖生长转化。伸蔓期：5%调环酸钙悬浮剂500倍液或5%烯效唑可湿性粉剂（矮满库）1 500倍液叶面喷施，根据不同旺长情况适度调整喷雾水量。

二、西瓜沤根

1. 发生原因

土壤低温高湿是诱发沤根的根本原因。土壤质地黏重，含水量高，湿度大，通风透气性差的田块发生严重，定植后连续阴雨条件下易发生。苗床施用未腐熟的农家肥、定根水使用不当、移栽时导致伤根，根系的生长发育受到抑制，根毛死亡等原因也可引起沤根。

2. 症状

沤根易发生在苗期和定植期，地上部分症状表现为生长缓慢、展叶慢、子叶和真叶发黄下垂，严重时，植株萎蔫、死亡。地下部分症状表现为根系发黄，严重时发褐色，不长新根或少量且根系细弱（图6-6～图6-8）。

图6-6　根部不发新根或不定根，根部变褐后腐烂（叶树军、杨松提供）

图6-7 地上萎蔫；焦枯严重，成片干枯（余朗提供）　图6-8 久阴乍晴、大水浇灌或地势低，西瓜植株根系受损，萎蔫（陶勇提供）

3. 管理措施

（1）深挖大棚两侧排水沟，降低地下水位；有条件的建议起垄栽培。

（2）选用健壮苗移栽。

（3）根据气象条件，选择冷尾暖头傍晚定植，加强田间管理，通风排湿。

（4）发生沤根时，土壤湿度高的切忌灌根施肥，会加剧沤根。可选择用围美磷酸二氢钾1 000倍液+0.4% 24-表芸·赤霉酸水剂（鼎翠）2 000倍液、叶面喷施，连续喷施2～3次，促进根系生长。土壤排水降湿后，选择含腐殖酸的水溶肥料（良将根逸）1 000倍液+1.8%复硝酚钠水剂（欧爱特好）10 000倍液根部冲施、促进根系生长，使植株恢复正常生长。

三、西瓜低温冻害

1. 发生原因

在早春栽培各生长时期均有发生，当早春育苗期、定植期、伸蔓期突遇冷空气温度陡降或长时间低温、霜冻，没有及时采取保温措施，易引起冻害。

2. 症状

轻度：新叶发白、瓜叶呈失绿萎蔫状。重度：叶缘卷曲黄化，逐渐干枯，全株生理失水后变黑色，整株冻死（图6-9～图6-12）。

图6-9 低温冻害导致封顶苗（潘锡志提供）

图6-10　苗期低温冻害（赵荣波、王东伟提供）

图6-11　低温寡照，叶片向上卷曲，发黄（应锦昀提供）

图6-12　伸蔓期生长点冻伤，发黑萎蔫（赵荣波提供）

3. 管理措施

（1）选择耐寒、抗低温、耐弱光的西瓜品种，例如，持美。

（2）改善育苗环境，培育长势粗壮，根系发达的健壮苗。

（3）注意天气变化，在低温或霜冻来临前，增加保温措施。

（4）冻害发生后，及时向瓜苗叶面喷施围美磷酸二氢钾1 000倍液+0.4% 24-表芸·赤霉酸水剂（鼎翠）2 000倍液，补充西瓜植株水分，增加叶片修复能力；根部冲施含腐殖酸的水溶肥料（良将根逸）1 000倍液+1.8%复硝酚钠水剂（欧爱特好）10 000倍液，促进根系的生长，使植株恢复正常生长。

四、西瓜高温灼伤

1. 发生原因

在高温天气条件下，棚室通风不及时或放风量不足，棚室温度高，湿度大，棚室温度超过叶片承受温度，水汽烫伤西瓜叶片。覆盖定植孔面积未用碎土压实，地膜与根系接触，地膜温度过高烫伤根系或热气自定植孔穴散出烫伤叶片。

2. 症状

初期：叶片烫伤部位叶绿素明显减少，褪绿发白卷曲，叶片呈乳白色白斑。

中后期：叶片大面积干枯、西瓜倒藤，降低果实品质与产量（图6-13～图6-18）。

图6-13　苗期高温烫伤（叶树军提供）

图6-14　定植孔未封闭，膜下热气从定植孔排出烫伤茎基部和叶片

图6-15　高温烫伤叶片前期（赵荣波提供）

图6-16　棚内通风冷热交替造成叶片损伤（方邦林提供）

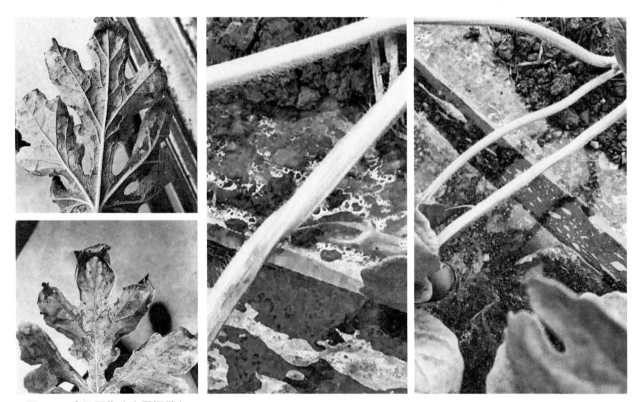

图6-17　高温风伤（陶勇提供）　　　　　图6-18　贴近地膜烫伤（张怀安提供）

3. 管理措施

（1）选择健壮瓜苗在疏松肥沃的田块种植，有利于根系生长，培育长势健壮的种苗，提高植株抗逆性。

（2）天气晴朗，棚室温度过高，应及时开棚通风，降低棚室温湿度。

（3）西瓜移栽时注意增大根系周围与地膜孔穴面积，避免地膜与植株茎叶直接接触。

（4）烫伤发生后及时叶面喷施围美磷酸二氢钾1 000倍液+0.4% 24-表芸·赤霉酸水剂（鼎翠）2 000倍液，补充西瓜植株水分，增强叶片修复能力；同时在根部冲施含腐殖酸的水溶肥料（良将根逸）1 000倍+1.8%复硝酚钠水剂（欧爱特好）10 000倍液，促进根系的生长，使植株恢复正常生长。

五、西瓜弹簧根

1. 发生原因

土壤理化性质发生改变，耕层变浅，土壤板结，根系下扎困难，只在表层螺旋生长，同时表层肥水充足，渗透较慢，不利于根系向下伸长，限制根系吸收肥水形成弹簧根。

2. 症状

根系往往不是垂直向下生长，而是在土壤中出现盘旋（类似弹簧）生长的情况（图6-19）。

图6-19　西瓜弹簧根（宋天义提供）

3. 管理措施

（1）底肥亩用微生物菌肥（良择康）25千克+控释肥（N-P-K＝17-9-17）（佳泽）20千克，降低土壤盐分，改善土壤结构，以利根系生长。

（2）选择健壮瓜苗，在疏松肥沃的田块种植，提高植株抗逆性。

（3）定植时用含腐殖酸的水溶肥料（良将根逸）1 000倍液灌根，促进根系生长和主根下扎。

六、裂瓜

1. 发生原因

（1）田间施肥不科学，偏施氮肥，土壤缺素或因吸收障碍导致钙、硼、钾营养元素供应不足，果皮韧性和硬度不够，引起田间裂瓜。

（2）土壤水分发生骤变，例如，干旱突然下暴雨或灌大水，瓜瓤迅速吸水将瓜皮撑破。

（3）果实发育初期果皮薄而脆，当天气突遇降温，随后温度急剧升高，西瓜蒸腾迅速而导致裂瓜。

（4）西瓜膨大期或采收前期，一般在土壤极度干旱时浇水过量或突遇暴雨，裂瓜情况发生较多。

（5）人工授粉时氯吡脲使用浓度过高，引起养分和水分过度输送到瓜内导致裂瓜。

（6）裂瓜与品种有关，瓜皮薄、质脆的品种容易裂瓜。

2. 症状

西瓜坐果后，在田间静止状态下果皮爆裂或采收时操作不当引起龟裂，自果实幼果到成熟均可发生。

图6-20 裂瓜（甄银伟提供）

3. 管理措施

（1）选择适宜当地气候环境的西瓜品种，优先选择裂瓜少的品种。

（2）果实发育初期，要密切关注天气预报，通过开关棚及时管理棚内温度，遇倒春寒等突然降温天气，要提前关棚保温。

（3）实行土壤深耕，促进根系发育，合理施底肥，少施氮肥，增施有机肥、钙镁肥，可每亩用微生物菌肥（良择康）25千克+控释肥（N-P-K＝17-9-17）（佳泽）20千克作底肥撒施，采取地膜覆盖保湿，在果实膨大期和成熟期建议薄肥勤施，禁止大水漫灌，防止水分突然增加，导致大量裂瓜。

（4）合理使用氯吡脲〔例如，0.1%氯吡脲可溶液剂（果旺）西瓜，在开雌花当天或者开花后1～2天根据棚内温度，配制50～200倍液均匀喷瓜胎〕，浓度不得过高，授粉时用氯吡脲均匀向瓜胎喷雾。

（5）在西瓜果实长到鸡蛋大小时叶面喷施靓叶钙300～500倍液，结合每亩用果益多糖醇钙3～5千克滴灌或单独使用硝酸钾钙（海法朵乐）10～15千克滴灌，补充膨果期所需钙营养成分，增加果皮韧性，可有效减少裂瓜。

七、畸形瓜

1.发生原因

西瓜在花芽分化阶段，养分和水分供应不均衡，影响花芽分化或在花芽分化过程中受低温影响；硼、钙、锌等元素不足，造成花芽发育不完全；在干旱条件下，坐瓜或授粉不均匀；农业生产中，使用氯吡脲不均匀；使用不安全的农药、激素等均可导致西瓜畸形。

2.症状

西瓜因生理原因而发育不正常，出现畸形瓜。畸形瓜分为扁平瓜、偏头瓜、尖嘴瓜、葫芦瓜（图6-21～图6-23）。

图6-21 偏头瓜（不同子房发育不均匀导致）（甄银伟提供）

图6-22 葫芦瓜（同一子房发育不良导致）（甄银伟提供）

图6-23　扁平瓜（低节位坐瓜或低温期间坐瓜）（甄银伟提供）

3. 管理措施

（1）花芽分化时注意保温，避免受低温影响。

（2）团棵期叶面喷施花围美1 000倍液+围美硼1 000倍液，连续喷施2～3次。

（3）选择第2～3雌花留瓜，并授粉均匀。

（4）在田间70%的西瓜长到鸡蛋大小时，及时浇灌第一次膨瓜肥，每亩用果益多糖醇钙3～5千克滴灌或单独亩用硝酸钾钙（海法朵乐）10～15千克，同时叶面喷施靓叶钙300～500倍液。后期及时冲施肥水，避免西瓜脱肥。

八、空心瓜

1. 发生原因

空心瓜分为横断空洞果和纵断空洞果两类。横断空洞果大多是近根部低节位的变形果在低温时结出的瓜果。低温干燥时，养分输送不足，后又遇高温加快成熟，促进果实发育；纵断空洞果是在果实膨大后期形成，种子部位已趋成熟，而靠近果皮附近的一部分组织仍在发育，果实内部组织发育不均衡，而使种子周围一部分组织裂开。

2. 症状

外观与正常西瓜没有差别，内部果肉出现开裂。横断空洞果：横切面查看，中心部沿着子房心室裂开后出现的空洞果。纵断空洞果：纵切面查看，在西瓜着生种子部位开裂的果实（图6-24）。

3. 管理措施

合理整枝，避免主蔓坐瓜，选择第2～3朵雌花留瓜。在田间70%的西瓜长到鸡蛋大小时，及时浇灌第1次膨瓜肥，亩用果益多糖醇钙3～5千克滴灌或单独亩用硝酸钾钙（海法朵乐）10～15千克，同时叶面喷施靓叶钙300～500倍液。后期及时冲施肥水，避免西瓜脱肥。

图6-24　空心瓜（赵荣波、陶勇提供）

九、西瓜缺钾

1. 发生原因

（1）酸性沙质土壤易缺钾，例如，南方土壤多数呈酸性，部分地区苗期出现缺钾症状。

（2）过量使用其他肥料，且钾肥使用量不足，例如，钙和镁大量使用导致离子间出现拮抗作用，抑制西瓜对钾元素的吸收导致缺钾。

（3）在高温干旱时，土壤中缺钾的症状尤为明显。

2. 症状

植株缺钾时，植株生长缓慢，茎蔓细弱，叶色暗淡无光泽，叶片向背面卷曲，下部节位叶片边缘、叶尖黄化，老叶边缘变为褐色焦枯。通常症状由下向上发展，严重时向心叶扩展，导致坐果困难，果型小，缺钾不能正常生长发育，养分的合成及运输受阻，进而影响果实糖分的积累，造成西瓜果实含糖量降低，品质下降（图6-25）。

（a）轻度缺钾症状　　　　　　　　　　　（b）中度缺钾症状

（c）重度缺钾症状　　　　　　　　　　（d）植株缺钾田间症状

图6-25　西瓜缺钾症状（俗称"镶金边"）（方邦林提供）

3.管理措施

（1）对于酸性田块的土壤，选择每亩用微生物菌肥（良择康）25千克+控释肥（N-P-K＝17-9-17）（佳泽）20千克作底肥撒施，进行土壤酸性、盐分的调理改良，搭配腐熟的有机肥或饼肥，改良土壤结构，增加土壤有机质和菌群。

（2）在西瓜生长发育期，出现缺钾的区块，及时叶面喷施围美磷酸二氢钾800倍液，喷施时宜选择早晚叶片气孔张开较大的时候进行，以提高西瓜叶片对钾肥的吸收能力。

（3）膨果期田间出现缺钾的症状，每亩追施含腐殖酸的水溶肥料（良将根逸）500毫升+大量元素水溶肥料（N-P-K＝16-8-32+2Mg）（海法益宝）3～5千克或大量元素水溶肥料（N-P-K＝6-16-36+3MgO）（良将归耕）3～5千克或大量元素水溶肥（N-P-K＝12-8-30）（绿康壮）3～5千克滴灌。

十、西瓜缺镁

1.发生原因

（1）酸性沙质土壤，镁离子易随流水流失，土壤易缺镁。

（2）过量使用其他肥料，造成营养素间的拮抗作用，抑制了西瓜对镁的吸收；如过多使用钾肥，硫酸铵等。

（3）高温时，西瓜对镁的吸收需求量增加，易发生缺镁症状。

2. 症状

镁元素在西瓜植株内移动性强，当缺镁时，老叶中的镁元素会向新叶或生长点运输，因此，缺镁症状首先出现在老茎老叶上，从基部保留绿色，后逐渐扩大，使整个叶片变黄，最终枯死（图6-26）。

缺镁

中度缺镁

重度缺镁

（a）叶片症状（杨松提供）

（b）叶片症状（江君辉提供）　　　　　　　（c）缺镁叶片田间分布（宋天义提供）

图6-26　西瓜缺镁症状

3. 管理措施

（1）增施腐熟有机肥，不要过多使用氮肥、钾肥，每亩用微生物菌肥（良择康）25千克+控释肥（N-P-K＝17-9-17）（佳泽）20千克作底肥撒施。

（2）土壤含镁量不足时，配合钾肥一起，钾镁同补，每亩用含腐殖酸的水溶肥料（良将根逸）500毫升+果益多冲施镁1千克+大量元素水溶肥料（良将归耕）3～5千克滴灌，避免单独使用镁肥而导致缺钾症状的发生。同时针对缺镁症状严重的田块，叶面喷施果益多冲施镁1 000倍液，间隔7～10天喷施一次，连续喷施2～3次，在早晨或傍晚均匀喷洒在西瓜的茎叶上，防止缺镁症状的加剧。

十一、西瓜缺钙

1.发病原因

在西瓜的整个生长季节直到成熟前，施用钙肥可以最大限度地提高果实质量和储藏期，尤其是硝酸钙对提高果质效果明显。沙性较强的土壤易缺钙，土壤酸化，施用氮肥、钾肥过多，营养元素间的拮抗作用，阻碍钙的吸收。

2.症状

西瓜植株顶端生长受阻，具体表现在顶芽、根尖等新生部位。叶片发黄、卷曲，茎蔓开裂，果肉出现黄块、白筋等，瓜蒂部位出现凹陷、开裂、褐腐、坏死形成脐腐病（图6-27～图6-30）。

图6-27 缺钙引起叶片凹凸不平（潘锡志提供）

图6-29 缺钙导致瓜皮韧性不足，易裂瓜（叶树军提供）　　图6-28 缺钙导致茎蔓纵裂（余朗提供）

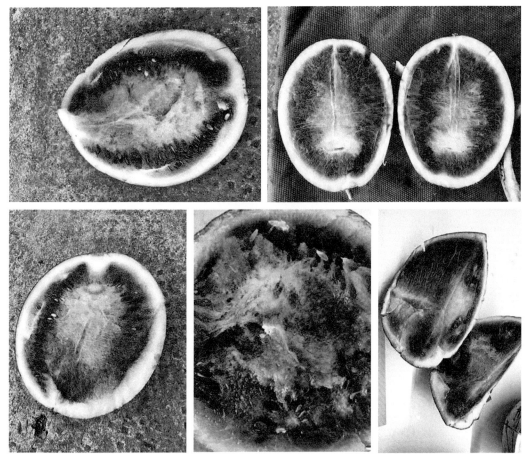

图6-30　缺钙导致黄心（赵志洪、甄银伟提供）

3. 管理措施

（1）科学施肥，对于沙性较强的土壤，可以多施腐熟充分的有机肥，同时增加微生物菌肥（良择康）25千克+控释肥（N-P-K＝17-9-17）（佳泽）20千克作底肥。

（2）均衡供水，适当浇水，防止下雨时土壤水分升高，下雨后及时排水，防止田间积水。

（3）叶面补钙，西瓜开花前、幼果期、膨大期叶面喷施靓叶钙500倍液，同时，在田间70%的西瓜长到鸡蛋大小时，及时浇灌第1次膨瓜肥，亩用果益多糖醇钙3～5千克或硝酸钾钙（海法朵乐）10～15千克滴灌，增加营养输送量，从而协调西瓜植株营养平衡，提高果实产量。

十二、西瓜缺硼

1. 发生原因

酸性、沙性土壤或土壤比较干旱易缺硼，使用过量钾肥易造成营养元素间的拮抗，阻碍硼肥吸收。

2. 症状

新蔓节间变短，蔓梢向上直立，生长点受到抑制，发白。叶片小而皱缩，凸凹不平，边缘向下卷曲，整个叶片呈降落伞状。花器发育不良或畸形，花少或不开花（图6-31～图6-35）。

图6-31　抑制生长点（叶树军提供）

图6-32　扁藤丛枝（甄银伟提供）

图6-33　叶片小而皱缩，凸凹不平，边缘向下卷曲（赵荣波提供）

（a）幼瓜畸形纵裂　　　　　　　　　　　　　　（b）幼瓜严重开裂

图6-34　畸形裂瓜（甄银伟提供）

| （a）藤蔓横裂 | （b）瓜柄横裂 | （c）瓜柄和幼瓜开裂 |

图6-35　裂藤（陶勇提供）

3. 管理措施

（1）每亩用微生物菌肥（良择康）25千克+控释肥（N-P-K＝17-9-17）（佳泽）20千克作底肥撒施，对酸性土壤进行改良，同时深耕土壤，疏松土质。

（2）田间干旱时应及时浇水，满足西瓜生长对硼的吸收需求，避免因土壤缺水而引起缺硼。

（3）缺硼症状发生后不可逆转，无法补救，因此，必须提前补充预防，在西瓜团棵期开始叶面喷施围美硼1 000倍液，每7~10天喷施一次，连续喷施2~4次。

第七章

西瓜常见药害及解决方案

农药使用不当常造成植株药害，导致植株生理功能异常、生长受阻或受到破坏等引起一系列异常的现象。一般来说，药害分为急性药害、慢性药害和残留药害三类。

（1）急性药害是指喷药后几小时至3～4天出现明显症状，发展迅速，如烧伤、凋萎、落叶、落花、落果。

（2）慢性药害是指在喷药后经较长时间才引起明显的反应，由于生理活动受抑制，表现出生长不良。

（3）残留药害是指农药使用后对下茬作物产生影响，以除草剂残留药害居多。

防治方法：及时叶面喷施围美磷酸二氢钾800倍液+0.4% 24-表芸·赤霉酸水剂（鼎翠）2 000倍液，有效缓解药害症状。

一、除草剂药害

除草剂药害见图7-1～图7-5。

图7-1　草铵膦药害（赵志洪提供）

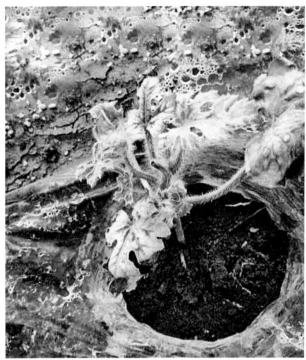

图7-2　乙草胺药害（江于良提供）

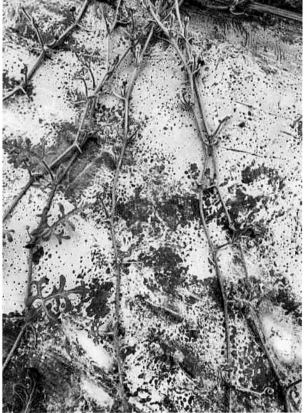

图7-3　2甲4氯药害（藤蔓细长）（赵荣波提供）

图7-4　除草剂残留，根系伸展受损（杨松提供）

图7-5　除草剂残留（叶树军提供）

二、杀菌剂药害

杀菌剂药害见图7-6、图7-7。

图7-6　杀菌剂药害（潘锡志提供）

图7-7　三唑类农药药害（江于良提供）

三、杀虫剂药害

杀虫剂药害见图7-8。

图7-8 虫螨腈药害（方邦林提供）

四、控旺剂药害

控旺剂药害见图7-9。

图7-9 控旺剂浓度过高引起药害（江于良、甄银伟提供）

图7-9 （续）

五、药剂混用不当造成的药害

药剂混用不当造成的药害见图7-10。

图7-10 药剂混用不当造成的药害（陈孔嘉、甄银伟、潘锡志提供）

图7-10 （续）

附 录

西瓜周年营养管理方案

时期	营养管理及操作
选地	宜选择土质疏松肥沃，土层深厚，通透排水良好的壤土田块，能排能灌，集中连片，一般与稻田轮作5年以上，旱地轮作8年以上，未种过瓜类作物的田块作为首选。
建棚开沟	以9米长钢管大棚为例，棚高2.8米，宽6米，中间开约宽30厘米人行道，大棚外两侧起沟，一般主沟深60厘米以上，侧沟深40厘米以上，便于排水。有条件的建议起垄栽培。
基肥与土壤消毒	施用底肥组合（每亩良择康微生物菌剂25千克+佳泽控释肥20千克），基肥撒施垄底或撒施后深翻土壤。
浸种催芽	淘洗种子放入55℃水中搅拌，水温降至30℃左右时浸泡3～6小时，清洗并搓掉种皮上的黏液，30℃条件下催芽24～48小时，当2/3种子发芽时播种。
基质准备	选用内生菌根菌剂颗粒剂（世佳伊宝）按1∶10掺混良益西瓜专用基质，用30%噁霉灵水剂（土菌消）2 000倍液+含腐殖酸的水溶肥料（良将根逸）500倍液+1.5%精高效氟氯氰菊酯微囊悬浮剂（安绿丰）2 000倍液灌透营养杯。
播种	选用32穴或50穴育苗盘，装好基质后轻压穴盘，在穴盘的正中央，一穴一粒，用基质盖好刮平，整齐地摆放。
出苗后	叶面喷施围美磷酸二氢钾600倍液+海藻精有机水溶肥料（靓叶）1 000倍液，促根、壮苗。
移栽前1～2天	叶面喷施围美磷酸二氢钾600倍液+海藻精有机水溶肥料（靓叶）1 000倍液增强抗逆能力，为移栽后提早缓苗做准备，提高移栽成活率。
定根水	用100亿芽孢/克枯草芽孢杆菌可湿性粉剂（良承）500倍液+30%噁霉灵水剂（土菌消）2 000倍液+含腐殖酸的水溶肥料（良将根逸）500倍液进行药剂灌根，促发新根，预防土传病害，提早成活。
团棵	团棵开始用花围美1 000倍液+围美硼1 000倍液叶面喷施，间隔7～10天喷施一次促进花芽分化。
伸蔓前期	伸蔓前期，施用含腐殖酸的水溶肥料（良将根逸）500～1 000倍液浇一次促根促蔓水。
伸蔓后期	用花围美1 000倍液+围美磷酸二氢钾600倍液叶面喷施，一周左右喷施一次。
幼果期	西瓜长到鸡蛋大小时，叶面喷施靓叶钙300～500倍液，每亩用果益多糖醇钙3～5千克或单用海法硝酸钾钙（朵乐）15～20千克滴灌，减少畸形瓜、裂瓜、水晶瓜数量。
膨瓜期	根据植株长势每隔7～10天每亩用复合肥10～15千克+海法益宝（N-P-K＝16-8-32+2MgO+ME）3～5千克、良将归耕（N-P-K＝6-16-36）3～5千克或大量元素水溶肥（N-P-K＝12-8-30）（绿康壮）3～5千克滴灌。个别土地因盐渍化、酸化导致肥力差的可添加含腐殖酸的水溶肥料（良将根逸）500毫升/亩滴灌，同时用围美二氢钾600倍液叶面喷施2～3次，促进西瓜迅速膨大，提高品质。
采瓜后	（1）西瓜采收后用一次促根促蔓肥，每亩用含腐殖酸的水溶肥料（良将根逸）500毫升+海法益宝（N-P-K＝20-20-20+ME）3～5千克或良将归耕（N-P-K＝19-19-19）3～5千克+复合肥10～15千克，改善土壤环境，增强根系活力。（2）老叶黄化缺镁时每亩添加果益多冲施镁1千克，结合叶面喷施果益多冲施镁1 000倍液。
2～4批瓜	膨瓜肥：第1次用果益多糖醇钙3～5千克或单用海法硝酸钾钙（朵乐）15～20千克滴灌使用，后期根据植株长势间7～10天亩用复合肥10～15千克+含腐殖酸的水溶肥料（良将根逸）500毫升+海法益宝（N-P-K＝16-8-32+MgO+ME）3～5千克、良将归耕（N-P-K＝6-16-36）3～5千克或大量元素水溶肥（N-P-K＝12-8-30）（绿康壮）3～5千克滴灌，同时用围美二氢钾600倍液叶面喷施2～3次，促进西瓜迅速膨大；积累糖分，减少水晶瓜，黄心瓜等。

西瓜周年病害防治方案

时期	病害	防治方案
苗期	猝倒病	出苗后可用722克/升霜霉威盐酸盐水剂（世佳）600倍液、80%烯酰吗啉水分散粒剂（世佳威铭）2 000倍液叶面喷施防治，每次喷药后要结合放风，降低棚内湿度。
	立枯病	发病初期及时喷药保护，可用30%噁霉灵水剂（土菌消）2 000倍液，重点对植株基部土壤进行喷药，间隔7～10天喷施一次。
	疫病	722克/升霜霉威盐酸盐水剂（世佳）600倍液或80%烯酰吗啉水分散粒剂（世佳威铭）2 000倍液，均匀喷药且药后及时通风。
伸蔓期	蔓枯病	对未发病或发病初期的田块可用25%吡唑醚菌酯悬浮剂（兼优）1 000倍液、45%苯醚甲环唑悬浮剂（涌现）3 000倍液、24%双胍·吡唑酯可湿性粉剂（耀嫁）750倍液、24%苯甲·烯肟悬浮剂（靓友）1 000倍液、32.5%苯甲·嘧菌酯悬浮剂（满润）2 000倍液、43%氟菌·肟菌酯悬浮剂（露娜森）2 000倍液叶面喷雾。裂藤植株可在裂藤处使用30%宁南·戊唑醇悬浮剂（德普尔）500倍液进行涂抹。
	霜霉病疫病	722克/升霜霉威盐酸盐水剂（世佳）600倍液、75%代森锰锌干悬浮剂（淳青）600倍液、80%烯酰吗啉水分散粒剂（世佳威铭）2 000倍液、72%霜脲·锰锌可湿性粉剂（大美露）800倍液、64%噁霜·锰锌可湿性粉剂（金可凡）800倍液、720克/升百菌清悬浮剂（泰禾百彩）1 000倍液、50%锰锌·氟吗啉可湿性粉剂（施得益）800倍液叶面喷雾，均匀喷药且药后及时通风。
	炭疽病	发病初期可选用25%吡唑醚菌酯悬浮剂（兼优）1 000倍液、45%苯醚甲环唑悬浮剂（涌现）3 000倍液、24%苯甲·烯肟可湿性粉剂（靓友）1 000倍液、32.5%苯甲·嘧菌酯悬浮剂（满润）2 000倍液、30%溴菌·咪鲜胺（百佳利）1 000～1 500倍液、22.7%二氰蒽醌悬浮剂（博青）1 000倍液叶面喷雾。
	病毒病	发病初期可用8%宁南霉素水剂（良册）600倍液，或6% 28-高芸·寡糖（老船长）2 000倍液、80%盐酸吗啉胍可溶粉剂2 000倍液交替用药喷雾，同时添加花围美1 000倍液+0.4% 24-表芸·赤霉酸水剂（鼎翠）1 500倍液，同时注意蚜虫、蓟马、白粉虱的防治。
结果期及后续批次瓜	枯萎病	移栽前：土壤处理可用内生菌根菌剂颗粒剂（世佳伊宝）每穴5毫升穴施或1%嘧菌酯颗粒剂（迅好）2～4千克/亩拌肥、拌土撒施。 移栽定根水或发病初期：可用100亿芽孢/克枯草芽孢杆菌可湿性粉剂（良承）500倍液+30%噁霉灵水剂（土菌消）2 000倍液、11%精甲·咯·嘧菌悬浮种衣剂（宇龙根靓）1 000倍液，添加良将根逸（含腐殖酸的水溶肥料）1 000倍液灌根防治，间隔3～5天灌根一次，连续轮换灌根2～3次，促进植株早发新根。
	细菌性病害	发病初期可用6%春雷霉素水剂（良骁）1 000倍液、50%春雷·王铜可湿性粉剂（橙亮）1 000倍液、2%春雷霉素水剂（彩隆）600倍液、77%氢氧化铜水分散粒剂（西歌-77）2 000倍液、40%春雷·噻唑锌悬浮剂（碧锐）1 000倍液、3%中生菌素可溶液剂（细格）500倍液、86%波尔多液水分散粒剂（智多收DF）600倍液叶面喷雾，间隔7天左右喷一次药，轮换使用不同作用机理的农药。
	白粉病	发病初期，选用25%乙嘧酚磺酸酯微乳剂（俊劫）1 000倍液、10%宁南霉素可溶粉剂500倍液（德紫）、25%乙嘧酚悬浮剂（粉星）800倍液、43%氟菌·肟菌酯悬浮剂（露娜森）2 000倍液、80%硫磺水分散粒剂（卡白）500倍液、20%吡噻菌胺悬浮剂（艾翡特）1 000倍液、20%戊菌唑悬浮剂（宇龙吉秀）1 500倍液。
	其他	防治病毒病、霜霉病、疫病、炭疽病、细菌性叶斑病、蓟马、蚜虫、害螨、鳞翅目害虫等病虫害可参考伸蔓期病虫害的防治方法。

<h2 align="center">西瓜周年虫害防治方案</h2>

西瓜虫害	防治方案
地下害虫	1.5%精高效氯氟氰菊酯微囊悬浮剂（安绿丰）1 000倍液或5%顺式氯氰菊酯乳油（百事达）2 000倍液滴灌；1%联苯·噻虫胺颗粒剂（家保福）3～4千克/亩撒施。
蚜虫	防治蚜虫时宜及早用药，将蚜虫控制在片块发生阶段。常用药剂有20%氟啶虫酰胺水分散粒剂（良益）2 000倍液、60%吡蚜·呋虫胺水分散粒剂（鲜蓟）1 000倍液、70%啶虫脒水分散粒剂（黄龙鼎尊）1 500倍液、70%吡虫啉水分散粒剂（黄龙鼎金）2 000倍液、10%氟啶虫酰胺水分散粒剂（隆施）1 300倍液、46%氟啶·啶虫脒水分散粒剂（力作）3 000倍液等药剂叶面喷雾，均匀喷洒在叶片正背面，防治时可以加入100%三硅氧烷助剂（世佳水动力）3 000倍液，提高药液的渗透性、黏附性和延展性，从而提高防效。25%噻虫嗪水分散粒剂500克/亩滴灌，提前预防，长效省工。蚜虫基数过多时，可添加90%敌敌畏可溶液剂（大钩）1 000倍液快速降低虫口基数。
蓟马	由于蓟马繁殖速度快，易成灾的特点，应注意提前施药预防，用25%噻虫嗪水分散粒剂500克/亩滴灌。当每株虫口数达3～5头时，进行喷药防治。常用药剂有10%溴氰虫酰胺可分散油悬浮剂（富美百翠）750倍液、8%甲氨基阿维菌素苯甲酸盐水分散粒剂（间蝶）750倍液、25%乙基多杀菌素水分散粒剂（新灭宁）4 000倍液、100克/升乙虫腈悬浮剂（酷毕）1 000倍液、10%多杀霉素悬浮剂（菲达拉尔）1 000倍液、50%杀虫环可溶性粒剂（敌美灵）750倍液，同时添加30%螺虫·噻虫啉悬浮剂（威得勇）1 500倍液杀卵。喷药时注意喷花、新叶及叶背处；视田间虫害发生情况，间隔7天左右喷施一次，连续喷药2～3次，注意农药交替使用，在药剂中加入100%三硅氧烷助剂（世佳水动力）3 000倍液可提高防效，达到较好的防治效果。
害螨	40%联肼·乙螨唑悬浮剂（良击）2 000倍液、24%阿维·乙螨唑悬浮剂（威顺）2 000倍液、43%联苯肼酯悬浮剂（满纯）2 000倍液、5%噻螨酮乳油（天王威）1 000倍液、30%乙唑螨腈悬浮剂（布加迪）2 000倍液、20%丁氟螨酯悬浮剂（金满枝）1 500倍液、55%单甲脒盐酸盐水剂（锄火龙）1 000倍液，添加非离子表面活性剂（杰小满）2 000倍液或100%三硅氧烷助剂（世佳水动力）3 000倍液效果更佳，间隔5～7天喷施一次，连续喷雾2～3次。交替轮换使用不同作用机理的农药。
鳞翅目害虫	在幼虫3龄前及时进行药剂喷雾防治，杀卵药剂有20%甲维·吡丙醚悬浮剂（爱秋）1 000倍液、10%虱螨脲悬浮剂（锐立宝）2 000倍液、5%虱螨脲悬浮剂（世佳虫清）1 000倍液；杀虫药剂有10%甲维·茚虫威悬浮剂（良刃）1 500倍液、3%甲维·虱螨脲悬浮剂（斩消）200～400倍液、15%茚虫威悬浮剂（良益）1 500倍液、5%溴虫氟苯双酰胺悬浮剂（芙利亚）1 500倍液、7%氯虫·溴氰菊酯悬浮剂（雷钉）1 000倍液叶面喷雾，同时添加100%三硅氧烷助剂（世佳水动力）3 000倍液和杀卵药剂混用效果更佳。用药时注意进行农药的轮换使用，切忌长期单一使用同一种农药。
白粉虱	白粉虱世代重叠严重，繁殖速度快，在白粉虱发生早期施药，每隔5天左右喷施一次，连续3～4次。杀卵药剂有20%甲维·吡丙醚悬浮剂（爱秋）750倍液、30%螺虫·噻虫啉悬浮剂（威得勇）1 500倍液；杀虫药剂有60%吡蚜·呋虫胺水分散粒剂（鲜蓟）1 000倍液、40%呋虫胺可溶粒剂（世佳松彪）2 000倍液、20%呋虫胺可溶粒剂（护瑞）1 000倍液、50%杀虫环悬浮剂（敌美灵）1 500倍液叶面喷雾，同时添加100%三硅氧烷助剂（世佳水动力）3 000倍液和杀卵药剂混用效果更佳。各类农药使用时应严格按照安全间隔期进行，同时注意农药的交替使用，延缓害虫对农药产生抗药性。
美洲斑潜蝇	一般在低龄幼虫时期防治效果明显，通常植株一片叶上有3～5头幼虫时进行喷药防治。常用药剂有10%溴氰虫酰胺可分散油悬浮剂（富美百翠）750倍液、5%阿维菌素乳油（世佳神剑）2 000倍液、60%灭蝇胺水分散粒剂2 000倍液叶面喷雾，交替轮换使用不同农药。
瓜实蝇	在幼果期，用1.5%精高效氯氟氰菊酯微囊悬浮剂（安绿丰）1 000倍液、10%溴氰虫酰胺可分散油悬浮剂（富美百翠）750倍液、60%灭蝇胺水分散粒剂2 000倍液叶面喷雾，连续2～3次。

农药配比速查表

农药稀释倍数	加药量（克或毫升）				
	15千克水	30千克水	50千克水	100千克水	200千克水
100倍液	150	300	500	1 000	2 000
200倍液	75	150	250	500	1 000
300倍液	50	100	167	333	667
500倍液	30	60	100	200	400
600倍液	25	50	83	167	333
1 000倍液	15	30	50	100	200
1 500倍液	10	20	33	66.7	133
2 000倍液	7.5	15	25	50	100
5 000倍液	3	6	10	20	40

国家禁用和限用农药名录

《农药管理条例》规定，农药生产应取得农药登记证和生产许可证，农药经营应取得经营许可证，农药使用应按照标签规定的使用范围、安全间隔期用药，不得超范围用药。剧毒、高毒农药不得用于防治卫生害虫，不得用于蔬菜、瓜果、茶叶、菌类、中草药材的生产，不得用于水生植物的病虫害防治。

一、禁止（停止）使用的农药（46种）

六六六、滴滴涕、毒杀芬、二溴氯丙烷、杀虫脒、二溴乙烷、除草醚、艾氏剂、狄氏剂、汞制剂、砷类、铅类、敌枯双、氟乙酰胺、甘氟、毒鼠强、氟乙酸钠、毒鼠硅、甲胺磷、对硫磷、甲基对硫磷、久效磷、磷胺、苯线磷、地虫硫磷、甲基硫环磷、磷化钙、磷化镁、磷化锌、硫线磷、蝇毒磷、治螟磷、特丁硫磷、氯磺隆、胺苯磺隆、甲磺隆、福美胂、福美甲胂、三氯杀螨醇、林丹、硫丹、溴甲烷、氟虫胺、杀扑磷、百草枯、2,4-滴丁酯。

注：2,4-滴丁酯自2023年1月29日起禁止使用。溴甲烷可用于"检疫熏蒸处理"。杀扑磷已无制剂登记。

二、在部分范围禁止使用的农药（20种）

通用名	禁止适用范围
甲拌磷、甲基异柳磷、克百威、水胺硫磷、氧乐果、灭多威、涕灭威、灭线磷	禁止在蔬菜、瓜果、茶叶，菌类、中草药材上使用，禁止用于防治卫生害虫，禁止用于水生植物的病虫害防治
甲拌磷、甲基异柳磷、克百威	禁止在甘蔗作物上使用
内吸磷、硫环磷、氯唑磷	禁止在蔬菜，瓜果、茶叶、中草药材上使用
乙酰甲胺磷、丁硫克百威、乐果	禁止在蔬菜、瓜果、茶叶、菌类和中草药材上使用
毒死蜱、三唑磷	禁止在蔬菜上使用
丁酰肼（比久）	禁止在花生上使用
氰戊菊酯	禁止在茶叶上使用
氟虫腈	禁止在所有农作物上使用（玉米等部分旱田种子包衣除外）
氟苯虫酰胺	禁止在水稻上使用

农业农村部
2019年11月29日

杭州良益农业开发有限公司

杭州良益农业开发有限公司成立于2002年，总部位于杭州市余杭区。公司主营农药、化肥、种子、农膜及其他大棚西瓜农用物资，致力于成为行业一流农资服务商。

公司秉承诚信为本、客户第一、专注共赢的价值理念，建立了一支"以客户为中心、技术为核心、实践为指导"的直营终端服务队伍，长期扎根一线，通过上门服务，收集并解决大棚西瓜田间地头发生的病虫害等生产问题；以打造西瓜产业第一平台为愿景，基于直营终端构建连锁运营中心，在上游成立多家供应链子公司和下游果品贸易公司，实现平台化运营。20年来，在推动西瓜产业发展升级的使命驱策下，公司不断开展品种筛选、栽培模式创新、绿色安全用药试验、营养配方筛选等研究，以便寻找安全、科学、高效的大棚西瓜生长管理方案，并通过线上渠道、线下农民会和西瓜产业论坛等方式为大棚西瓜种植户指引新方向、带去新知识、增长新见识。

参考文献

REFERENCES

程杰, 2017. 西瓜传入我国的时间、来源和途径考[J]. 南京师大学报(社会科学版)(4): 79-93.

龚艳, 陈晓, 张晓, 等, 2019. 我国西甜瓜生产机械化现状、问题与解决途径[J]. 新疆农机化(3): 14-16.

古勤生, 彭斌, 刘珊珊, 等, 2013. 我国嫁接西瓜黄瓜绿斑驳花叶病毒的防控对策[J]. 中国蔬菜 (11): 5-7.

顾文璧, 1998. 中国种植西瓜的起源和传播问题[J]. 农业考古(1): 378.

国家统计局农村社会经济调查司, 2019. 2019中国农村统计年鉴[M]. 北京: 中国统计出版社.

Н. И. 瓦维洛夫, 1982. 主要栽培植物的世界起源中心[M]. 董玉琛, 译. 北京: 农业出版社: 31.

华尔顿, 麦修斯, 夏瓦拉斯, 2013. 旧约圣经背景注释[M]. 李永明, 徐成德, 黄枫皓, 译. 北京: 中央编译出版社.

黄学森, 赵福兴, 王生有, 2002. 西瓜优质高效栽培新技术[M]. 北京: 中国农业出版社.

贾思勰, 2006年. 齐民要术[M]. 延吉: 延边人民出版社.

蒋有条, 于惠祥, 申宝根, 等, 1993. 西瓜高新栽培技术[M]. 北京: 农业出版社.

蒋有条, 1993. 西瓜甜瓜稳产优质高产栽培技术[M]. 上海: 上海科学技术出版社.

蒋有条, 2003. 西瓜无公害高效栽培[M]. 北京: 金盾出版社.

李时珍, 2019. 本草纲目[M]. 盖国忠, 高海波, 主编. 南京: 江苏凤凰科学技术出版社.

刘德先, 周光华, 1998. 西瓜生产技术大全[M]. 北京: 中国农业出版社.

刘君镁, 马跃, 2000. 西瓜栽培二百题[M]. 北京: 中国农业出版社.

刘君璞, 马跃, 2000. 我国西瓜甜瓜种业的现状与发展对策[J]. 中国西瓜甜瓜(3): 2-6.

刘君璞, 徐永阳, 1997. 无子西瓜优质高产栽培技术[M]. 郑州: 中原农民出版社.

刘君璞, 许勇, 孙小武, 等, 2006. 我国西瓜甜瓜产业"十一五"的展望及建议[J]. 中国瓜菜(1): 1-3.

刘君璞, 俞正旺, 马跃, 2000. 中国西瓜甜瓜的发展回顾[J]. 中国西瓜甜瓜(1): 4-8.

刘文革, 2021. "十三五"我国西瓜遗传育种研究进展[J]. 中国瓜菜, 34(12): 6-14.

刘志恒, 刘芳岑, 黄欣阳, 等, 2013. 西瓜菌核病菌生物学特性的研究[J]. 沈阳农业大学学报, 44(1): 32-36.

马跃, 2008. 改革开放30年大背景下的西瓜甜瓜产业20年[J]. 中国瓜菜(6): 55-58.

马跃, 2011. 透过国际分析, 看中国西瓜甜瓜的现状与未来[J]. 中国瓜菜, 24(2): 64-67.

欧阳修, 1974. 新五代史[M]. 徐无党, 注. 北京: 中华书局.

齐涛, 2016. 中国古代经济史[M]. 济南: 山东大学出版社.

全国无子西瓜科研协作组, 2001. 无子西瓜栽培与育种[M]. 北京: 中国农业出版社.

万国鼎, 1963. 氾胜之书辑释[M]. 北京: 农业出版社.

王坚, 蒋有条, 1992. 西瓜栽培技术[M]. 北京: 金盾出版社.

王坚, 蒋有条, 林德佩, 等, 1993. 西瓜栽培与育种[M]. 北京: 农业出版社.

王坚, 尹文山, 魏大钊, 等, 1981. 西瓜[M]. 北京: 科学出版社.

王娟娟, 2017. 我国瓜菜产业现状与发展方向[J]. 中国蔬菜(6): 1-6.

王娟娟, 李莉, 尚怀国, 2020. 我国西瓜甜瓜产业现状与对策建议[J]. 中国瓜菜, 33(5): 69-73.

王鸣, 2003. 我国西瓜育种的进展(上)[J]. 西北园艺(3): 6-8.

王鸣, 侯佩, 2006. 西瓜的起源、历史、分类及育种成就[J]. 当代蔬菜(3): 18-19.

王秀峰, 李宪利, 2003. 园艺学各论: 北方本 [M]. 北京: 中国农业出版社.

王叶筠, 黎彦, 蒋有条, 等, 1999. 西瓜甜瓜南瓜病虫害防治[M]. 北京: 金盾出版社.

吴耕民, 1946. 蔬菜园艺学: 下 [M]. 北京: 中国农业出版社.

吴敬学, 赵姜, 张琳, 2013. 中国西甜瓜优势产区布局及发展对策[J]. 中国蔬菜(17): 1-5.

新疆甜瓜西瓜资源调查组, 1985. 新疆甜瓜西瓜志[M]. 乌鲁木齐: 新疆人民出版社.

于辉, 吴国兴, 2010. 西瓜高产优质栽培[M]. 沈阳: 辽宁科学技术出版社.

俞正旺, 2003. 优质高档西瓜生产技术[M]. 郑州: 中原农民出版社.

虞轶俊, 2003. 西瓜甜瓜无公害生产技术[M]. 北京: 中国农业出版社.

张慧娜, 齐秀玲, 申晓萍, 等, 2016. 西瓜起源与演化研究进展[J]. 中国农学通报(35): 232-236.

张永平, 2020. 西瓜栽培技术及病虫害防治[M]. 昆明: 云南科技出版社.

张仲葛, 1984. 西瓜小史[J]. 农业考古(1): 177-179.

曾剑波, 马超, 2015. 设施西瓜使用栽培技术集锦[M]. 北京: 中国农业出版社.

曾维华, 1989. 我国西瓜种植起源略考[J]. 上海师范大学学报(2): 122-127.

郑高飞, 张志发, 2004. 中国西瓜生产实用技术[M]. 北京: 科学出版社.

中国农业百科全书总编辑委员会农作物卷编辑委员会, 1991. 中国农业百科全书: 农作物卷[M]. 北京: 农业出版社: 256.

中国农业科学院郑州果树研究所, 中国园艺学会西甜瓜专业委员会, 中国园艺学会西甜瓜协会, 2001. 中国西瓜甜瓜[M]. 北京: 中国农业出版社.

中国园艺学会西甜瓜专业委员会, 1998. 中国西瓜甜瓜研究进展[M]. 北京: 中国农业科技出版社.

朱莉, 2014. 北京市西瓜甜瓜产业发展及消费需求[M]. 北京: 中国农业科学技术出版社.

朱莉, 曾剑波, 李云飞, 2017. 西瓜、甜瓜优质高产栽培技术[M]. 北京: 化学工业出版社.